青少年应知的
网络知识

李馨童 韩 杰 编著

吉林人民出版社

图书在版编目(CIP)数据

青少年应知的网络知识 / 李馨童，韩杰编著. -- 长春：吉林人民出版社，2012.4
（青少年常识读本. 第2辑）
ISBN 978-7-206-08741-7

Ⅰ.①青… Ⅱ.①李… ②韩… Ⅲ.①计算机网络 – 青年读物②计算机网络 – 少年读物 Ⅳ.①TP393-49

中国版本图书馆CIP数据核字(2012)第068469号

青少年应知的网络知识
QINGSHAONIAN YING ZHI DE WANGLUO ZHISHI

编　著：李馨童　韩　杰
责任编辑：王　静　　　　　　　封面设计：孙浩瀚
吉林人民出版社出版 发行（长春市人民大街7548号 邮政编码：130022）
印　刷：北京市一鑫印务有限公司
开　本：670mm×950mm　　　1/16
印　张：11.5　　　　　　　　字　数：200千字
标准书号：ISBN 978-7-206-08741-7
版　次：2012年7月第1版　　　印　次：2021年8月第2次印刷
定　价：45.00元

如发现印装质量问题，影响阅读，请与出版社联系调换。

CONTENTS 目录

最快捷的邮递方式——电子邮件 …………………………001

让沟通变得亲密有间——网上聊天 …………………………005

自由组合大家庭——网络社区 ………………………………008

天生我才谁来用——网上求职 ………………………………013

企鹅帝国中国造——腾讯QQ …………………………………016

企业交流的大社区——阿里巴巴 ……………………………020

千里之外面对面——视频聊天 ………………………………023

网络时代宠儿多——众客丛生 ………………………………026

随时随地召开的会议——网络会议 …………………………030

个人"充电"优势多——网络教育 ……………………………033

语音电话欢快打——网络电话 ………………………………037

全球资源齐分享——资源共享 ………………………………042

可以点播的电视——网络电视 ………………………………046

专家远程在线看病——网上医疗 ……………………………050

目录 CONTENTS

"网"事如歌形式多——网络功能 …………………………………053

寸步不移游遍天下——网上旅游 …………………………………058

精彩的电子竞技项目——网络游戏 ………………………………063

疯狂的恶作剧创造者——网络黑客 ………………………………066

迷恋网络的羔羊群——网络成瘾症 ………………………………070

新时代的灰色诱惑——网络犯罪 …………………………………073

网络上不死的癌症——计算机病毒 ………………………………076

大事小情全知道——门户网站 ……………………………………081

网络生活新宠儿——手机网络 ……………………………………085

书香"无线"香飘万里——网络书店 ………………………………089

足不出户逛商店——网上购物 ……………………………………092

看不到钱的银行——网上银行 ……………………………………096

决胜于千里之外——网络炒股 ……………………………………101

虚拟商务得实惠——电子商务 ……………………………………104

CONTENTS

网上政府效率高——电子政务 ·················· 108

无纸化办公时代——网络办公 ·················· 112

众里寻她千"百度"——搜索引擎 ················ 115

通达网站的"钥匙"——网络域名 ················ 119

广告开辟新媒介——网络广告 ·················· 124

明星之路自己造——网络红人 ·················· 128

灵感同样是财富——网络写手 ·················· 131

没有围墙的知识库——数字图书馆 ················ 135

传统出版展新颜——数字出版 ·················· 139

网络时代的时髦客——博客达人 ················· 144

有声的博客殿堂——在线播客 ·················· 148

免费期刊在线看——电子杂志 ·················· 151

校友随时叙旧情——校友录 ··················· 157

大学生的互动空间——校内网 ·················· 161

目录 CONTENTS

网络平台献爱心——网络公益 …………………………………164

"钱途"无限的方法——网络营销 …………………………………167

没有硝烟的战争——网络商业大战 …………………………………174

最快捷的邮递方式
——电子邮件

杜甫《春望》诗中提到："烽火连三月，家书抵万金。"用来比喻家信的珍贵。中国戏曲越剧的经典剧目《柳毅传书》，也反映出信件的重大意义。古往今来，很多寄托在人们心中的情感往往都要用邮递的形式传达。围绕信件还有很多很多动人的传说和感人的故事。现在"信件"家族中又增添了电子邮件，且在短时间内就大红大紫，成为了现代人信件交流的"先进"形式。

随着计算机及互联网的广泛应用，电子邮件已经成了上网必备的联系方式，并改变了传统信件的邮寄模式，已经成为人们生活与工作中密不可分的好伙伴，它也是Internet上最基础、最重要、应用最广的服务。很多人在没有用过Internet之前，可能就听过E-mail这个朗朗上口的名称，因为它很容易理解，与常规邮件在实质上是非常相似的。

电子邮件（Electronic mail，简称E-mail）又称电子信箱、电子邮政，它是一种用电子手段提供信息交换的通信方式，都是信息的载体，通过网络帮助人们实现快速通信交流。相对传统邮件来说，电子邮件的优点是非常明显的。传统邮件不仅需要邮票、信纸、信封，而且还需要运送投递。对人力、物力、资源的浪费都是不言而喻的，通过飞机、轮船、火车等交通工具的途径传递，路程越远速度越慢。但电子邮件却可以以非常快的速度将信件发送到世界上任何目的地，与世界上任何一个角落的网络用户联系，省去了很多中间环节，忽略空间距离，做到收发同步，而且还不需要收发双方同时在线。电子邮件的功能更是十分强大，可以是文字、图像、声音等各种方式。同时，用户可以个性化订阅大量免费的新闻、专题邮件，并实现轻松阅读、信息保存等功能，这是任何传统方式都无法相比的。正是由于电子邮件的使用简易、投递迅速、易于保存、全球畅通，使得电子邮件被广泛地应用，它使人们的交流方式得到了极大的改变。另外，电子邮件还可以进行一对多的邮件传递，同一邮件可以一次发送给许多人。

选择电子邮箱

不知从何时起大家的名片上都已经印上了电子邮件的地址，广泛应用电子邮件已经成了人们上网必备的联系方式。这个邮箱地址类似于联系地址，只要知道这个地址，便可以给这个地址发送邮件，同时也必须有自己的信箱，这就是大家常说的 E-mail 地址。

电子邮箱可以由 Internet 服务商提供，也可以个人申请免费邮箱。在选择电子邮件服务商之前人们要明白使用电子邮件的目的是什么，根据自己不同的目的有针对性地去选择。也可以根据需要申请多个邮箱，用于不同的用途。比如：专收私人信件、电子信息订阅、公务信息处理……

在 Internet 上，E-mail 地址的格式一般是 user @server name.

com.cn。这个地址分为两个部分，中间用"@"分隔开，在"@"前面的部分是用户账号，后面的部分是E-mail服务器的域名。

目前很多网站都提供免费的电子邮箱服务，除非客户有特殊的需要，一般的免费邮箱都可以满足人们的正常需要，如果经常和国外的客户联系，建议使用国际电子邮箱。比如Gmail、Hotmail、MSN mail等。如果需要收发一些大的附件，经常存放一些图片资料等，那么就应该选择存储量大的邮箱，比如Yahoo、163、Sohu、126、TOM、21CN等都是不错的选择。

申请免费邮箱的程序大致相同：进入选择的免费邮箱网站；点击新邮箱注册按钮；阅读并接受服务条款；填写注册信息，填写E-mail信箱名称，确认邮箱密码；确认申请成功后便可以使用。

若想在第一时间知道自己的新邮件，可使用收费邮箱，当有邮件到达的时候会有手机短信通知。但使用收费邮箱的朋友要注意邮箱的性价比是否值得花钱购买，也要看看自己能否长期支付其费用，目前网易VIP邮箱、188财富邮都是很不错的收费邮箱。

邮件的收发

当成功申请信箱地址后，就可以使用E-mail进行收发邮件了。接收邮件是非常方便的，输入邮箱的网站地址，打开网页输入用户名称及密码，登陆邮箱就可以查看到自己是否有新邮件，也可以查看以往收发的邮件。完整的电子邮件一般由五部分组成，分别是：发送人，是指发送者的地址；收件人，是指接收者的地址；主题，是指信件内容的简要概括；消息，是指信件的正文内容；附件，是一个可选择其他的信件附加内容，可以是图片、声音、视频等多种类型的文件。

当收到一封信后，回复新信就不用输入新的收件人地址，直接点击回复就可以了；如果想将信件转发给第三人，点击转发，并输入新的地址，一样的信件就可以发到第三个人的信箱里。

快乐沟通

电子邮件是非常便捷的沟通工具，不仅快捷、费用低廉，而且传递的信息也非常丰富，除了文字，还可以传送软件、图片、声音，而且易于使用。倘若要在信封里夹带大叠照片，建议还是选择使用电子邮件，否则不仅要付高额的超重邮资，可能对方接到的还是皱巴巴的玉照，而电邮却可以不花一分钱，加个附件就可以搞定，保真的照片会令接收者心喜。再者，因为电邮根本就不用纸张，在重视环保的21世纪，绝对是代表时代发展方向的绿色形式。

节假日选择给亲朋、好友、老师、客户发一封电邮吧，那将不会只是些干瘪的话语，你可以选择很多Q版的动画设计一并发送，相信一定可以博得对方展颜，电邮里三维技术的生动活泼岂是古老的书信能够企及的？

虽然目前网络还有一定的限制，但它的出现已经使人们的生活大大改变了，电子邮箱属于个人，收发由己。仅需几秒钟的工夫，就可以将商业信函发送到世界各地客户的手里，21世纪的世界是速度的世界，电邮可以真正踩入了时代的步点。

让沟通变得亲密有间
——网上聊天

"沟通无极限",这句移动通信的广告语其实更适合即时聊天。即时聊天使亲友的沟通突破时空极限,使办公室的沟通突破上下级极限,使陌生人的沟通突破环境极限,使自我与外界的沟通突破心理极限……

随着交流技术的发展,人际传播也开始出现了间接传播的形式,例如书信、电报、电话、传真等。网络出现后,还增加了E-mail、网上聊天等,又给人际传播提供了新的方式,它一改传统聊天的限制,如道德、隐私因素。随着上网人数的增加,越来越多的人加入到了网上聊天的行列。

在e时代里,所谓网上聊天可分两种,一种是纯粹的网上聊天,即与完全陌生的人聊天,另一种便是与现实生活中的熟人交谈。沟通的维度上也有了新的延伸——从一对一,到一对多或多对多,网上聊天对象也从完全陌生的世界转移到完全的真实世界。过去网上聊天只有文字聊天,特别单调,如今已有语音聊天和视频聊天。随其普及的广泛深入,正不断地渗透到人们生活和工作中的各个领域及各个层面,无疑,就其效率方面已经使人们工作、生活方式产生了巨大的质变！实时聊天工具，如MSN、UC、QQ的不断优化也为朋友、家人、同事、网友等不同的分类聊天的人群带来不同的交流感受。

  网上聊天就像一块神奇的土地，非常有吸引力，因为这是一片没有国界、没有传统藩篱、没有管束、崇尚自我和可以标新立异的"飞地"，如聊天室、群聊、QQ，志同道合无疑是酒逢知己千杯少，情投意合忘烦忧，它的魅力应该来源于文字对情感的渗透，人们眼睛里看到的世界是有限的，而心灵感受到的思想才是无限的永恒的，现实生活中人们了解一个人，首先是看见、认识和沟通，网上则不然，人们用眼睛看不见对方，也无法理性的去认识你对面的人，大家相互所感受到的是通过文字，通过思想情感的交流，循序渐进地去挖掘、去了解，所以也没有过多的约束、理念、信条，尽可能发挥你的潜能力，这种感情在虚拟面纱的掩护下，变得尤为多彩和神秘，顷刻间每一个人都高大起来，神圣起来，人人都会主动地去帮助和理解那些心灵脆弱的孤独者，早就忘记了自己是谁，忘记了自己其实也很寂寞也需要关心。在这里，天南地北、素不相识的人可以随心所欲地谈天说地。好多人为此而流连忘返，的确，它有其让人着迷的地方，是一处特殊的世外桃源。

  现实中人们用理智去体验生活，网上人们却用感性去幻想生活，把情感和友谊看得无比的细腻和完美。慢慢地幻想化为泡影，欲语还休，疲惫不堪。相信每个经过这里的人都有过相同感受，于是人们想到了离开，回到现实生活中，找到那个真实的自我。如今，人们也更加乐意通过在线聊天的方式与亲友、同事和事业伙伴保持沟通。从某种意义上说，目前的即时聊天工具如QQ、MSN、UC也正在褪去最初罩在身上的"互联网"色彩。人们提起它们，不会首先想到它是一个互联网的专属产品，而是一个日常沟通的工具。让人们通过它来传达亲情，联络友情……无论相隔多远，有了它，才发觉世界很大，其实也很小。拿QQ来说，它已经成为中国人仅次于电话和手机的第三大沟通工具。而在使用频率上，QQ甚至超越固话和手机。这表明，以QQ为代表的在线即时通信平台正迅速地发展与壮大，并深刻地改变了中国人的生活与沟通方式。有专家认为，中国人已经进入一个多角度的沟通时代。

　　生活节奏的加快也改变了固有的沟通方式，随时关注需要自己关注的亲人、朋友，随时与他们沟通，以便相互了解、关心、帮助。在这里记录了大家生活的点滴，为生活的不如意抱怨时，好友的一句贴心的劝导，令你顿时愁容舒展；谁说事业只是一个人在战斗？在这里有一个个战友与你并肩作战……在这里大家分享彼此的快乐，也获得一份成长，多少争执与理解、多少团聚与感动。是网络架设起人们亲情、友情、师生情的另一座沟通桥梁，大家用特殊的方式抒写着、记录着、感动着！

自由组合大家庭
——网络社区

对许多网民而言，网络最吸引人的魅力之一就是每个上网者都可以无拘无束、海阔天空地发表意见、讨论问题。

随着互联网的快速发展，上网的人越来越多，中国网民自诞生之日起，就形成了一种有别于传统意识形态发展方向：即它的草根性、平等性与隐蔽性。这在很长一段时间内造就了BBS、SNS的持续火爆。

BBS

BBS的英文全称是Bulletin Board System，翻译成中文就是"电子公告板"，被人们习惯性地称之为社区或论坛，它是一种交互性强、内容丰富，而且及时的互联网电子信息服务系统。

BBS最早是用来公布股市价格等类信息的，当时BBS连文件传输的功能都没有，而且只能在苹果计算机上运行。最初只是为了给计算机爱好者提供一个互相交流的地方，这是因为20世纪70年代后期，计算机用户很少，且用户之间相距很远。因此，BBS系统（当时全世界共有不到100个站点）提供了一个简单方便的交流方式，用户也只能通过 BBS 来发布信息。早期的 BBS 与一般街头和校园内的公告板性质基本相同，只是通过电脑来发布或获得消息而已。现在它一改过去的形象，人们只要通过计算机登陆互联网络上，就可以感受到这个"超时代"地域为人们营造的新环境及它的无比威力！

据最新 CNNIC 发布的统计报告显示，在近 3 亿网民中，网络社区 BBS 访问率为 38.8%，是中国互联网十大应用之一。中国的 BBS 普及率极高，从门户到行业网站，从地区门户到个人站点，几乎 80% 以上的网站均拥有独立的 BBS 模板。网络社区不仅是网民获取信息的渠道，也成为网民寄托情感的途径。

到了今天，BBS 的用户已经扩展到各行各业，除开始的计算机爱好者外，商用 BBS 操作者、环境组织、学校团体及其他利益团体也加入了这个行列。浏览一下世界各地的 BBS 系统，你就会发现它几乎就像一个地方电视台，花样非常多。BBS 的出现拓宽了网络资源，为网民提供了一个可以交流的大空间，犹如一个网络大家庭，这里有来自四面八方的家庭成员，大家都可以在这个自由组合的大家庭中翱翔、停留，并且安家落户。每一个人都可以与家庭的其他成员进行对话，这是一种平等的交流结构。在这里人们可以选择感兴趣的话题，通过这种途径找到有共同兴趣爱好的群体。它为各种兴趣爱好者提供了一个聚集的地点，去讨论共同喜欢、关心的话题。但是人们谈话的主题时常会发生变化，人们的喜好也时常发生改变，人们之间的结盟关系往往摇摆不定，人们在这里更看重的是过程而不是结果。这里对不同目的上网的人们有着不同的意义：有人从中发现与自己兴趣相投的人，有人享受舌战群儒的乐趣，有的人可能只是为了解闷或发泄……

SNS

SNS的英文全称是Social Network Services，翻译成中文就是"社会性网络服务"，即"社交网站"或"社交网"。可以在这里联系老朋友，结交新朋友，以扩展更大的朋友圈为基础，扩展人脉，并且可以将这种关系无限地扩张，在需要的时候可以随时获取，得到朋友的帮助。

1967年，哈佛大学的心理学教授Stanley Milgram(1934—1984)创立了六度分割理论，简单地说："你和任何1个陌生人之间，所间隔的人不会超过6个，也就是说，最多通过6个人你就能够认识任何陌生人。"按照六度分隔理论，每个个体的社交圈都可以不断放大，最后成为一个大型交际圈，这就是社会性交际的早期理解。后来有人根据这种理论，创立了面向社会性交际的互联网服务，通过"熟人的熟人"来进行网络社交拓展，这也就是所谓的SNS网络创建的最初想法。

现实社会中的交流是通过人与人之间的介绍、握手来形成朋友圈、联系圈的，每个人不需要直接认识所有人，只需要通过朋友，朋友的朋友，就能促成一次握手。而普通的网络交际，则大多数通过某些平台来实现，比如将自己放到一个平台中，让很多人看到、了解，然后去联系你、认识你。两者的优缺点非常明显，社会性交际优点是可靠的，彼此关系的建立是在可靠的人际网络上，缺点是产生握手的时间长、代价较高；平台式的网络交际优点是成本低，但不可靠。而SNS网络服务正是结合了两者的优点，摒弃了缺点。在朋友圈内的关系往往真实的、可靠的，互相之间不存在所谓的网络"假面具"，并且都使用实名制登陆方式，使人们的沟通更加透明。SNS就是基于这种人传人的网络交际模式，通过一传多，多传多的方法来扩大交际范围，利用网络这一低廉而快速的平台，去认识更多的人，建立更大的人脉关系网。

SNS网站总体上来说是以交友和互动为主，比如，开心网、Facebook就是这类网站。虽包含博客、即时通讯等功能项目，但其主要目并不是单一的网络服务，而是将即时通信、博客、视频、音频、照片、游戏等功能有机结合作为媒介，为朋友间提供更好的沟通平台为主要经营目的。即使用户只使用其中的一个项目也能够得到好玩的互动体验。而且随着添加的插件工具的增多，它的互动性、功能性也越来越高。

BBS与SNS的关系

互联网其实就是一个为人们提供交流的地方，不管是BBS，还是SNS，本质的作用其实都是把人们聚合起来，它们的价值的基础就在于分享，但SNS的效果貌似在聚合人气方面表现得更好一些。而单纯的BBS仅能供网友发帖及简单交流使用，对增强人与人之间的联系作用体现得并不十分完美。目前，貌似单一的社区策略已经很难维持住既有的会员，尤其是活跃会员，这就是为什么国内众多网站都争相将BBS网站慢慢地转向SNS社区的一个原因。

其实，不论是现实中的，还是网络中的，每个人都有不同的兴趣爱好，除了兴趣爱好外，很多人泡社区其实也都是为了依托或寄托自己的一种空虚感。在网络中，很多人还是希望能够建立或加入自己感兴趣的圈子，去认识更多的人。而SNS的出现，从某种意义上来讲，就是为了补充BBS这方面的不足，迎合大多数人的需求。

BBS是一个综合性的讨论区，像一个大社会，人们每天都生活在这个社会中，生活圈子大了，有时反而就会不知道该干什么、关心什么。SNS的出现能够帮这样的群体找到归属感。比如，现在门户社区开始注重娱乐方面的发展，推出电影推荐、音乐分享等内容，而这方面同样可以用SNS去分化，这样做不但为会员之间相互沟通创造了机会，更为朋友之间找到良好的沟通话题，让他们在不断的互动与交流中增加友谊与情感，并体会其中的快乐。

目前大部分的人不会长时间留在BBS里，这样就为社区的发展造成影响，而SNS能够很好的应用人与人之间的关系，很好的补充BBS对用户黏性差的缺点。整合用户与用户之间的关系，使用户之间的共享与互动更加具有灵活性。由此看来，SNS并不是为了取代BBS而生的，而是在BBS上发展壮大，将它们有机地整合，形成更多元化的社区，这是目前最好的选择，不但可以增加会员的活跃性，还可以很好地将会员长期留在网站上，当然也可以吸引更多的人参与，把相同爱好、相同行业的人聚集起来，分享信息、资源共享，充分挖掘潜在用户的需求。

天生我才谁来用
——网上求职

应聘——握着简历忙碌奔波于各大招聘会，紧张地等候在招聘者的办公室外？

面试——势单力薄战战兢兢地坐在几个挑剔的考官眼皮子下面，苦苦地思索着应试题目的最佳答案？

不用查报纸，不用去招聘会，不用找职业介绍所，不用求亲告友，无论是蓝领还是白领，只需轻轻点击鼠标，合适的工作就会"找上门"来。这种方便、快捷、花费少的择业新方式，就是网上求职。目前生活成本的急速增加，对外来求职人才构成了一道道无形的屏障。网络的发展不但为这些求职者提供了方便，更节约了求职成本。

网上求职最早出现在互联网比较发达的美国。近年来随着互联网的迅速发展，网上招聘这一利用网络信息进行的择业方式在我国也得到了迅速的发展，这是因为网络本身就是信息的载体，它与普通的报纸广告、人才交流会、职业介绍所等信息传播方式相比，具有速度快、容量大、费用少、使用方便等优势。比如，对用人单位来说，络绎不绝的上门求职者和求职电话让人头疼，到劳务市场还必须办理相关手续。而通过网络进行招聘，不仅弥补了传统方式的不足,并且网上招聘不受时间、空间的限制,可以广纳全国各地的精英。另外,网上求职还可省下一笔可观的场地租赁费、广告费等开支;对学生来讲,也避免了见面求职失败的尴尬,省去了在人头攒动的劳务市场里的拥挤之苦。同时,个人在网上求职一般都是免费的,求职成功了就等于捡了个金娃娃,不成功也没有什么损失。

方便快捷的网络已经成为人才求职的最佳途径之一,现在无论何时何地,只要能上网,求职者就可以直接把电子求职信发到在互联网上登招聘启事的公司邮箱中,也可以把个人履历刊登在网页上,等待用人单位向求职者发出邀请。

对于用人单位来说,网上招聘的交互性是其重要优势。通常招聘单位为了避免众多求职者的干扰,往往谢绝求职者的电话及拜访,而是通过书信通知面试,在时效性上远不如互联网。网上通过电子邮件进行信息交互,不仅弥补了传统招聘的不足,并且网上招聘不受时间、空间的限制,使异地求职成为可能,促成人才的有序流动。

网上求职需注意

电子邮件应简明扼要,既要把自己在某一方面的特长讲清楚,又不要过于长篇大论。因为用人单位在网上公布了招聘信息后,求职者一定会云集,如果你把邮件写得太长的话,看信的人不耐心,这封信就算泡汤了。同时,注意不要把简历贴在附件里,这是因为求职邮件太多,有时看邮件的工作人员懒得打开;而且当前电子邮件病毒流行,许多用人单位不愿打开电子邮件的附件。同时,要注意把简历转化为文本文件,不要出现字词及语法类的错误。还有需要注意的是人力资源部门总是收到许多不适合该公司职位的简历，因此，在发简历的时候，应该注明申请的是何职位，并说明你能否胜任这个工作。最好在发简历的同时，尽量写一封求职信同时发出。求职信中可以简明扼要地介绍自己的专业特长、工作经验，表示对某职位很感兴趣，有目的的推销自己，但要控制长度。

在不断升温的网上求职者中，首当其冲的就是大学毕业生，尤其是金融危机造成就业几率的下降，大学生更多地尝试网上求职，已经成为了普遍的求职模式。

互联网通常被人称作地球村，没有国界，大大缩短了人们之间的距离。可以说，互联网给求职者提供了一个自由展示其才华的大舞台，促成了大量的工作机会。

链接

视频招聘

现在一些现场招聘会上，部分用人单位不接受大学生的纸质简历，要求应聘的大学生将简历通过电子邮箱投递到公司。不仅如此，为省去招聘成本，提高效率，现在有些公司甚至开始采用网络视频面试的方式招用员工。采用视频招聘的单位，会先公布一个聊天时间。一般会先问问专业、特长、工资期望值等。因为不用直接面对考试官，采取人们都很熟悉的视频聊天，面试者心里也没那么紧张，可以很放松地回答各种问题。这种招聘方式，非常适合平时比较内向的学生！

企鹅帝国中国造
——腾讯QQ

帝国是指领土辽阔，统治或支配民族众多，拥有极大的影响力的强大国家的通称。在历史上，每一个帝国从诞生到崛起都伴随着一个词，那就是扩张。看看这个正在互联网中崛起的帝国吧！它无所不为，无所不能，所向披靡。凡它所过，莫不成为它的子民。

在中国互联网行业厉害的角色有很多。其中有一个人是这样出现在人们面前的：这个人跟陈天桥、马云、张朝阳、丁磊、李彦宏五人同时过招，他掌管着中国市场上最有发展前景的互联网公司。他就是马化腾，人们尊称这个诸葛亮式的人物为："全民公敌"。

也许你并不了解谁是马化腾，也许你并不清楚一个长相斯文、行止儒雅的人为什么会有"全民公敌"这样一个外号，但是也许你听过这样一则传说：人们可以不知道什么是浏览器，却会知道什么是QQ；人们可以不知道从哪里能看到最及时的新闻，却知道QQ弹窗新闻或者QQ好友会告诉他现在从什么地方看到最新的新闻；人们可以不知道网上能够买到什么好东西，却知道可以通过QQ跟好友讨论哪个商场又打折了。是的，马化腾就是腾讯的缔造者，企鹅帝国的皇帝。

它的身影遍布互联网的街头巷尾。它的"国徽"是企鹅，它的"皇帝"是马化腾，它所创造的就是小企鹅"腾讯帝国"！这个帝国正在用它的能量悄然改变着中国互联网的格局。"在线生活"也许就是明天。

腾讯的业务拓展，一直遵循"早构思，晚行动"的原则，虽然早有"在线生活"的理念，但无论是电子商务还是搜索引擎，从马化腾提议公司组织调研到最终启动，中间往往要有一两年的搁置期。凭借其目前的优势，腾讯往往会等对手打得昏天黑地、国内市场规律基本明朗的时候再进入。因此，马化腾并不避讳腾讯经常是一个后来者兼学习者的角色。他称之为"拥抱竞争对手"。"我们和Yahoo、微软等竞争对手之间，有时竞争，有时也是拥抱的关系。微软的成功，也可以使我们站在巨人的肩膀上、更好的本地化、更深地把握客户体验，一个企业视野毕竟有限，大家对整个产业更多投入、更多关注之后，我们可以互相借鉴。所以，我们看到竞争对手做出新的东西来，还是比较高兴的。"有很多人因此而嘲笑腾讯的发家史，说腾讯的产品没有原创的，全是学来的：QQ学ICQ、QQ游戏学联众、QQ堂学泡泡堂、QQ飞车学卡丁车、拍拍学淘宝、搜搜学Google……而腾讯战绩却总能让人们吃惊。如此而饱受非议的马化腾则不以为然："我不盲目创新，微软、Google做的都是别人做过的东西。最聪明的方法肯定是学习最佳案例，然后再超越。"

2009年是腾讯走过的第11个年头，从当初即时通信的步履维艰，到现在即时通信、网络游戏、资讯门户、无线增值全线出击，电子商务，搜索门户初露锋芒。腾讯以其不可阻挡的生命力，发展成中国互联网强势品牌之一。

腾讯在5年前开始做门户，现在流量第一。后来做休闲游戏，成为老大后又抬脚进入大型网游，成长凶猛。2005年，蓄势已久的腾讯又在网络商店和在线支付上出手，开始追赶马云。此后，冲入多方混战的搜索市场，为自己宣布了一个新的敌人：李彦宏。其间，QQ平台上繁殖的小业务多不胜数。按照马化腾的理念，腾讯是一个被动的进攻者。无论愿不愿意，几乎所有互联网公司都在立稳脚跟、完成原始用户积累之后自动向腾讯宣战。腾讯不是想去进攻别人，只是想稳定自己的用户群，发展全业务线。紧迫的市场环境督促腾讯由守转攻，成就了最后的"全民公敌"。

看看现在帝国所拥有的吧，当你步入互联网时需要什么？下载工具：QQ旋风；IM：QQ；保护工具：QQ医生；浏览器：Tencent Treveler；输入法：QQ拼音；搜索引擎：搜搜；邮件：QQ-Mail；博客：QQ-Zone；网上交易：QQ拍拍；播放器：QQplayer；休闲游戏：QQ游戏；大型网游：穿越火线，QQ三国……腾讯公司在QQ上整合了丰富的互联网服务项目，使之成了用户网络生活的枢纽，用户不仅可以在QQ上跟朋友在线沟通，同时还可以第一时间了解全球和本地重大新闻资讯、使用QQ群参加热点话题的讨论分享、一键收发QQ邮件、更新个人博客、参加网上拍卖等等。如同腾讯创始人兼首席执行官马化腾所说的一样，腾讯正在致力于使它的"产品和服务像水和电一样源源不断地融入人们的生活，丰富人们的精神世界和物质世界"。帝国名下的产业之多只能用一句土话形容，"不数不知道，一数吓一跳"。而在马化腾理想的"在线生活"中，帝国更是强大的可怕。从信息传递、知识获取，到群体交流、资源共享，到个性展示、互动娱乐，再到电子商务，这就是腾讯的一站式在线生活。

不过在"一站式在线生活"还未到来时，"过冬论"却到来了。这个世界经济危机也不是第一次了，互联网冬天也不是今年才有，而谁能度过寒冬、熬过难关谁就能坚持到胜利，当全行业在考虑如何渡过难关时，一家在香港上市的互联网公司却在2008年5月9日被纳入香港恒生指数成分股，同时也被花旗银行、瑞士信贷、高盛等国际顶级投资方积极看好。它就是中国网民耳熟能详的"企鹅"——腾讯。虽然马化腾不反对马云的"过冬论"，并表示这是互联网行业对经济大环境普遍的担心。不过他仍然看好互联网未来的成长。他认为，网络游戏是廉价娱乐，经济环境恶化后，人们更愿意享受廉价的娱乐。未来腾讯将用互联网增值业务和网络广告的高收入支撑其他业务。

　　时至今日帝国的故事仍在继续，如何打败企鹅帝国将是一个值得无数互联网斗士们思考和兴奋的话题。

企业交流的大社区
——阿里巴巴

电子化商务已经成为不可逆转的趋势，随着互联网的高速发展，社会交易成本大大降低，互联网上交易现在正慢慢地改变企业，尤其是中小企业的交易模式。从采购、生产监控、销售到售后服务，这些流程的成本得到巨大的节约，可以预见阿里巴巴在这方面业务未来发展的前景。

21世纪的中国风云变幻，而在这场大国复兴的鸿篇巨制中，商业兴国的理念正逐步深入人心，并有越来越多的企业用其自身行动诠释这一理念。在众多的片段中，有这样一些独特的片断，他们通过不同的方式构建自己的商业生态圈，构建属于自己的商业帝国：以阿里巴巴为代表的创新型商业生态圈，在自己的战略布局下不断地创新产品，各个产品之间又能相互联系，在众多的商业生态圈中，以阿里巴巴为代表的创新型商业生态圈，更是以其内生的创造力不断地推进商业生态圈的延伸和丰富。

阿里巴巴（www.Alibaba.com）是全球企业间（B2B）电子商务的著名品牌，是目前全球最大的网上交易市场和商务交流社区。阿里巴巴总部设在杭州，并在海外设立美国硅谷、伦敦等分支机构。良好的定位、稳固的结构、优秀的服务使阿里巴巴成为全球首家拥有210万商人的电子商务网站，成为全球商人网络推广的首选网站，被商人们评为"最受欢迎的B2B网站"。美国商务部、日本经济产业省、欧洲中小企业联合会等政府和民间机构均向本地企业推荐使用阿里巴巴。阿里巴巴走出了一条独特的商业模式之路，在中国互联网B2B领域创造了一个奇迹。国际投资者对阿里巴巴的热捧是对阿里巴巴商业模式的认可，阿里巴巴的成功让中国众多的B2B网站看到了希望。

阿里巴巴2次被哈佛大学商学院选为MBA案例，在美国学术界掀起研究热潮，4次被美国权威财经杂志《福布斯》选为全球最佳B2B站点之一，多次被相关机构评为全球最受欢迎的B2B网站、中国商务类优秀网站、中国百家优秀网站、中国最佳贸易网，被国内外媒体、硅谷和国外风险投资家誉为与Yahoo、Amazon、eBay、AOL比肩的五大互联网商务流派代表之一。

马云领导的阿里巴巴创办于1998年，以50元注册资本起家，经过近年的发展，目前已经成为市值超过200亿美元的中国互联网市值第一的企业，并已形成了阿里巴巴公司、淘宝网、支付宝、阿里软件、中国雅虎等业务齐头并进，相互支撑的局面。至此，阿里巴巴集团初步打造完成了开放、协同、共荣的电子商务生态系统，阿里妈妈将与阿里巴巴集团的B2B、C2C、软件服务、在线支付以及搜索引擎形成优势互补，全面覆盖中小企业电子商务化的各大环节。阿里巴巴在发展中，虽然经历了互联网泡沫的破裂，非典的肆虐，竞争对手eBay的进攻，也经历了收购雅虎之初的困惑，但依然屹立不倒，并不断壮大。

双向战略实现生态圈产业链

阿里巴巴在战略愿景、顾客视角、创新文化等作用的基础上，具备了构建商业生态圈的基础，而最终影响商业生态圈布局的关键因素，则是在切入点精准的基础上，通过横向一体化战略和纵向一体化战略的实施，完成了B2B、C2C、软件服务、在线支付、搜索引擎、网络广告六大业务，全面覆盖中小企业电子商务化的各大环节的战略布局，形成了完整的产业链，并实现了产业链之间的协同。

与中小企业一起抱团取暖

作为中国最大的电子商务平台，阿里巴巴集团在过去几年间，已经成为众多中国商品走出去和企业实现价值再造的重要平台，目前有数千万家中小型企业通过这个平台展开有效销售，实现利润回报。在国际资本市场上，投行们更倾向于用阿里巴巴的财务报告来衡量中国民营经济和出口贸易的健康度。但如今整个经济形势不容乐观，而作为阿里巴巴的主要客户对象，已经成为中国经济增长中最重要一环的中小企业群将会面临严重的生存压力。阿里巴巴的CEO马云表示，"我们要牢牢的记住，如果我们的客户都倒下了，我们同样见不到下一个春天的太阳！阿里巴巴有使命与企业共命运，同时这也造就一个新的机会——更密切地跟客户群站在一起，寻找每一个有可能'抱团'的机会，使中小型企业这个中国经济中最具活力的群体渡过难关"。

千里之外面对面
——视频聊天

为解决沟通的需要，人们先后发明了烽火台、信件、电报、电话等，直到互联网络的出现，人们才得以用低廉的成本进行信息的沟通与交流。然而十分有趣的是，无论传播媒介技术如何发展，人类始终还是把面对面交流作为最重要、最直接的沟通方式，因为唯有如此人们才能迅速、完整和交互地传递彼此之间的意图。

伴随着新经济的发展，互联网逐渐成为了世界的主导，在短短数十年的时间里，网络变得越来越完善，越来越可爱，它拉近了人与人之间的距离，使人类的地球变成了一个真正的"村落"，让更多的人体会到了"身隔千里远，情系一线间"的快感。

两地相思——书信往来——电话沟通——可视电话——视频聊天，如今随着互联网络的迅速发展，人与人之间的沟通，早已由最初的书信往来，变成现在的即时视频聊天沟通。网络的发展也促进了通信手段的变化，传统的交流方式已经不能满足人们的要求。网络为通信带来了速度上的提升，更降低了通讯成本。而随着宽带网络的普及，人们对网络通讯也有了进一步的要求。宽带网络的发展，改变了传统网络通信的质量和形式，使交流不再只是局限于普通语言文字，利用视频让天各一方的朋友能够彼此相见。作为实现视频聊天的辅助工具，除了一台电脑外，还需要配备一个"眼睛"。通过它你可以看到对方的容颜，也让对方一睹你的风采。只要两个人都可以上网，只要两个人都有摄像头，那么他们的联系就不再有任何的阻碍，不会受到任何空间距离的限制，可以自由自在零距离的交流。其实，这主要的功劳还在于网络的发展以及摄像头的使用。二者缺少任何一个，都不可能实现真正的零距离交流。如果一方没有摄像头，也可以进行视频聊天，不过对方就只能听见，不能看了。

视频聊天是网上聊天、语音聊天的后续产物。上网方式从让人揪心的拨号音中逐步进入了宽带的时代，而在键盘上上下下纷飞的手指却只会让你想到工作中的忙碌，并不会增加网络沟通的快感。还是坐在一张舒服的椅子上，打开摄像头，戴上耳麦吧，让那些在外打工的游子，或是身处异国他乡的留学生，通过畅行无阻的视频沟通，亲近零距离的网络视频，"面对面"畅快地与家人交流吧！可以通过"视频聊天"让家人看到自己，缓解浓浓的思乡之情，就仿佛面对面的对话。

时空被拉近，距离瞬间缩短，那一瞬间，满溢思乡之情的你是否感动落泪？抑或，渲染热烈的圣诞假日，火热的爱侣夹好摄像头，端坐网络的两端，窃窃私语，形影相随，那一抹笑靥，可否让你再次怦然心动？新年伊始的朋友"聚会"，用摄像头实时拍下远方伙伴灿烂的面容，那种温馨的画面，更会让人会心一笑。随着网络的普及，很多人都加入到网上视频聊天行列来，与父母"团聚"，欢聚时光"面对面"的畅谈，看着父母笑盈盈的脸，听着熟悉的乡音和许久不用的乳名，真亲切，又重新找回了多年前在父母身边过节日的感觉！虽然相隔遥远，却觉得很亲……对于快节奏的现代人来说，视频对话这种更为实时而鲜活的沟通方式已逐渐取代了传统的书信、电话，只是真情的流露从来就没有改变，而且，视频对话赋予了它更为直接的"零距离"情感表达效果。那一刻，你所得到的欢乐与满足将是无法言表的。让你的表达更加生动，增添无限乐趣，让亲人们一起分享你内心的喜悦。零距离的空间和时间让你转瞬体验到网络为你精心呈现的情感旅程……这样聊天更真实，现在的网络发展趋势就是从虚拟到现实的改变。

网络时代宠儿多
——众客丛生

网络之大，真的是无奇不有，在网络大家庭里真的只有想不到没有做不到的，来上网的都是"客"，什么样的"客"都可能有，只要这些新新人类能真正形成气候，形成团体，就能获得大家认可！

账客——今天谁没记账

经济危机还在使劲花钱吗？开源节流才是持家的正道，尤其当你没能力赚钱时，更要学会节约，别以为拿出小笔记本记账是老年人的专利，如今，科技的进步赋予了"记账"新的意义和生命力，那就是网络记账，现在已经有越来越多的白领拥有电子账本，开始了网络记账生活，这些人被称为账客，这群共同爱好的账客们年轻、活泼、时尚。账客们认为省钱只是记账的间接因素，记账的最终目的是提升生活品位。记账能对自己的收支作出分析，了解哪些支出是必需的，哪些支出是可有可无的，从而更合理地安排支出。现在这种精打细算的花钱方法已经被当今的白领、金领当做潮流，如雨后春笋一样。正所谓你不理财，财不理你！把握的金钱，勒紧的钱包！理财从记账开始，记账就从今天开始，简单、方便、随时随地地理财……

租客——买不起就租用

不同于传统意义的房屋"租客",现代人追求时尚的脚步越来越快,口味的变化也越来越快,使得用户并不需要拥有商品的全部使用权,并且某些商品高昂的价格却总会让人有可望而不可即的感觉,对于这类商品,租用无疑是最好的选择,费用便宜,还可以经常换新款,体验新鲜感,他们不仅局限于租房、租车。由于对时尚生活的品质追求不断提升,而大部分年轻人没有太多的积蓄,于是把"租"更多更大范围地延伸到生活的方方面面,对音乐来灵感了,租个钢琴玩两天;周末要去探险地探险了,没有皮筏和露宿装备哪成?网上租个先用着;今天想去做个SPA,又没有年卡,租个用用挺不错;明天总部来办事处开会,没个投影仪怎么行,赶紧去租……节约型社会,租为时尚!

如此种种,生活中众多不常用的东西,租来好用,效果达到,或者过瘾就好。

换客——浪漫的节约主义

"换客"们可以通过各种便捷的方式搜索自己的换物需求。只要输入自己想要换出或者换得的货物名称,"换客"就可以得到各种相关的匹配信息。一旦和对方达成换物意向,双方就可以在线下进行交易。

"换客"们以物易物,使这种在货币被发明之前的原始交易方式借助当今的高科技得到了"新生"。"换客"们得到的不仅仅是自己喜爱的物品，他们得到更多的是以物易物的乐趣。在这里他们不再遵循传统的价值观，他们遵循的是"需要决定价值"理论。各得其所，各取所需。也许是一盒化妆品换来了一个娃娃，一瓶香水换来一把瑞士军刀，几根棒棒糖换来演唱会的门票，这样的故事每天都在上演，而前提就是只换不卖，一切与金钱无关。

拼客——团结才有力量

拼客指为某件事或行为，与素不相识的人通过互联网，自发组织的一个群体。如：旅游、购物。因此，拼客指的就是集中在一起共同完成一件事或活动，实行AA制消费的一群人。这样，既可以分摊成本、共享优惠，又能享受快乐并从中交朋识友。"拼客"们，倡导的就是一种"节约、时尚、快乐、共赢"的新型生活方式，并且已经在全国各地形成了"拼"的氛围。

目前拼客有拼房(合租)、拼饭(拼餐)、拼玩、拼卡、拼用、拼车(顺风车)、拼游(拼团或自助游)、拼购(团购)……拼客是一种时尚、一种潮流、一种理念、一种生活的态度、一种生活的方式。不仅是现代人一种精明的理财方式，同时也是一种新型的交友方式。或者可以这样总结：AA制只是一种消费观念，而拼客已经成为一种生活方式。

试客——能省就省不是罪

试客风潮的兴起，离不开试用网这样的网络中介平台，试用网经营模式是以免费发送试用品为基础，通过为合作企业进行消费数据调研分析、广告位出售等有偿服务获得盈利，使得任何网民只要注册为试用网用户，即可享受试用网提供的合作企业所赠试用品的所有免费服务。

要想成为试客并不难，任何网民只要登录试用网，填写真实个人资料并申请所看中的商品，得到厂商审批后即可获得邮寄的试用赠品，流程极其简单。目前试用网站已经能为试客提供涵盖吃、穿、用、玩各个方面多种品牌的试用商品。

威客——知识就是力量

凭借自己的创造能力（智慧和创意）在互联网上帮助别人，而获得报酬的人就是威客。通俗地讲，威客就是在网络上出卖自己无形资产（知识商品）的人，或者说是在网络上做知识（商品）买卖的人。而威客网就是网上的点子公司！只不过他们不会参与帮助，只是提供网络平台。

威客成为一种新的赚钱模式。当个人或企业有需求时，在网上发布任务，并公布期限和赏金，威客们上网时就可通过竞标接下任务。任务从宠物取名、广告设计到市场调查、程序开发等，应有尽有。这是一种自由的赚钱模式，不必受"朝九晚五"的约束，自我价值也更容易得到体现。在当前就业压力下，也不失为另一种选择。对企业而言，也相当于是一种变相的项目外包行为，节省了成本。

随时随地召开的会议
——网络会议

今天，人们再也不必马不停蹄，奔走在世界各地饱受长途跋涉之苦；不必手握电话，猜测着电话另一端客户的态度和心情；也不必坐在会议电视前，因为断续模糊的画面和延迟的声音而打瞌睡……

从告别洪荒世界的无知野蛮到走向全球一体化的现代文明，信息沟通和交流是人类最基础、最重要的需求。为了实现"天涯若比邻"的目标，人类一直做着不懈的努力，互联网的商用更是把人类的信息获取、协同工作乃至生活体验提升到一个前所未有的高度。每一次沟通技术的发明和创新，都极大地推动社会生产力的发展，推动人类文明的进步。为解决沟通的需要，人们先后发明了烽火台、信件、电报、电话等，直到互联网络的出现，人们才得以用低廉的成本进行信息的沟通与交互。然而十分有趣的是，无论传播媒介技术如何发展，人类始终还是把面对面交流作为最重要、最直接的沟通方式，因为唯有如此人们才能迅速、完整和交互地传递彼此之间的意图。调查结果显示，超过60%的人际沟通信息不是通过语言传递的，而是通过环境氛围、肢体语言以及面部表情来表现的。

网络接入技术不断发展，ADSL、小区宽带等接入方式把人们带入了宽带网络时代；多媒体技术非凡的视频、音频信息的编码压缩和流式传输技术日趋成熟；摄像头等多媒体影音设备逐渐成为普通用户可以轻松拥有的电脑配件。这一切必将把人们的网络交流方式带入视频通讯时代。

视频通讯可以把位于两点或多点的千里之外的现场画面和声音实时地传送到本地，并实现文档和数据共享。是一种节约开支、节约时间、节省体力的新型现代通信方式。视频的丰富表现力，加之可以轻松地借助于文字交流、白板、远程桌面共享等交互技术，使得网络视频通讯得到广泛的应用，除了视频聊天等个人应用外，还开始在远程协作、远程医疗、远程监控、远程订货、远程教育、网络视频会议等多个行业与领域内得到应用。

在一台设备上实现视频、语音和安全、网络管理全集成，这正是网络发展的一个方向。比如说，当人们走进一个会议室，在桌子旁就座，轻触一个按键，即可同纽约分部的同事谈笑风生。人们与对方沟通时不但可以看到对方生动的手势、愉快的表情，甚至可以察觉到他们脸上每一条皱纹的起伏和手表上秒针的跳动，还在同一间会议室，人们又与远在东京的客户进行了一次紧张而又激烈的谈判……这种完美沟通的梦想已经变成了现实，人与人之间"面对面"和"在一起"的概念，将被重新定义，因为人们能够超越时空地传递真实的环境和表达真实的情感。人类对沟通的全方位和全身心的真实感受，将会得到提升。人们对信息交流的目的追求，不是为了在网络上创造一个虚拟的"第二人类空间"，而是通过真实化沟通体验的新平台来提升现实世界生产力。

借助于网络，政府能够把公共服务能力与信息互动融为一体。在实现远程"面对面"的交流后，网络的意义已经不仅限于提供连接能力，更是一个创新和提升效率的平台。它能够显著降低行政成本、提高行政效率与效能，从而推进信息共享、加强公共服务能力。不久的将来，医疗保健、教育、零售、银行、娱乐和政府等行业都会发生革命性变化，私人医生在千里之外为自己的客户检查身体，家庭教师在另一个城市通过网络为学生辅导功课，甚至"手把手"地教他们练习素描。

"再现真实"和"实现真实"的理念，赋予网络全新的应用内涵，将是网络通信走向一个崭新时代的开始，具有不可忽视的阶段性标志和象征性意义。就像100多年前的电话，30年前的互联网一样。今后数年，网络视频通讯将引领一种潮流，它将为人们提供跨时空随时随地"见面"的感受和体验，它将为运营商提供崭新的服务平台和运营模式，它更会让商务人士开始更为高效、灵活的管理和协作，从而摆脱因为不完美沟通体验所带来的"拖后腿"现象。先进的互联网技术的出现，将原有寄托在不同介质上的数据、音频、视频以及随时随地移动整合在统一的网络平台上，这亦将成为推动人类文明走向全面信息化并创造更大经济效益的巨大力量。

个人"充电"优势多
——网络教育

近年来,在全球新科技革命浪潮的推动下,人类社会的新知识更新得越来越快,面对突如其来的知识海洋,为了生存和发展,继续教育、终身教育、学会学习、学习型社会等新的教育思想、教育理论被不断地提出,并得到广泛传播。

所谓网络教育指的是在网络环境下,以现代教育思想和学习理论为指导,充分发挥网络在教育功能和丰富的网络教育资源上的优势,向教育者和学习者提供一种网络教学的环境,传递数字化内容,开展以学习者为中心的非面授教育活动。

多媒体和网络技术的发展是网络教育模式发展的基础。它扮演着信息源和信息传播者的角色,使得师生之间的时空距离不复存在,它起着师生之间相互联系与沟通的纽带和桥梁作用。从而实现自主化学习、因材施教,这样能够培养学生的主动探索的精神和不断创新的意识。充分利用优秀的师资力量和教学资源,以计算机网络通信技术传递包括文字、图像、声音、动画等多媒体、多样化的教学信息,丰富教学内容,激发学生学习的积极性,使学习者可以更容易、更迅速、更生动地掌握所学知识,以产生良好的学习效果和提高教学质量。

现在在任意一个搜索引擎中键入"网上教学"或"网络教育"之类的关键词，屏幕上会立即列出一连串的教学网址，如中小学网上教学的国联网校、北京101中学教育教学网、各高校的网络学院。据统计，在美国通过学习网站进行学习的人数正以每年300%的速度增长，超过7千万人通过E-learning方式获得知识和工作技能。60%以上的企业通过E-learning方式进行员工的培训和继续教育。美国基本上所有的学校都接入互联网，有关学习专业网站不断涌现。随着Internet逐渐向各个行业的延伸和渗透，网络教育好像一夜之间百花齐放了，例如：通过上网就能够拿到美国大学的学士学位，甚至是硕士学位；通过上网，中国大学生可以选修世界著名学府的课程。目前国内网上教学的方式大致有：电子教程、网上题库、在线讨论、交互可视远程授课、点播式授课、在线考试。

网络教育的特点

首先它的教学方式灵活，传统教育采用的是以教师为主的教学模式，而网络教学让学生从被动者转变为主动者，这是教育模式的变化，网上教学部门只需制订初步的计划安排，学生就可自由地选择自己喜欢的学习方式，学生会因需而学，从而逐步形成一种以学生为中心的主动性学习方式。其开放性为不同基础、不同经历的受教育者提供了学习的机会，教学活动由教师控制方式向学生控制方式转变。其次是网络教育教学层次多样，开设的课程与种类多变，表现出教学安排上的宽容性。借助屏幕通过视听交互技术可以进行面对面的交流。网络教学在教学活动中与多媒体技术相结合，已经对传统的教育产生了巨大的冲击。还有网络化的学习环境使学习信息的获取变得轻而易举，实现远程双向实时交互式教学，在时间和空间上具有更大的开放性，可以把教育内容方便地输送到不同城市、乡村、企业直至家庭，真正意义上满足不同求学者的在岗学习要求。个性化教育让学生可以根据自己的特点选择课程、教师、教材、进度，师生可以个别交谈、答疑。在教学过程中，异地教师与学生、学生与学生间的双向或多向实时交流得以实现，为课堂讨论、解惑提供保证。

网络教育的适合对象

根据网络教育的特点，它主要集中在学历教育、职业教育、成人教育和终身教育，形成多专业、多方向、没有围墙的拥有国家承认学历的大学，满足越来越多渴望继续深造的人们需要。网络教育是以学生自我管理能力为依托的教育模式，学习的效果在很大程度上取决于学生的自我学习欲望和自制能力的高低，网络教育相对中小学学生来说还比较难以达到既定目标，因为这部分群体的自控能力很难适应这种主动式的学习，需要在家长辅导和帮助下才能达到预期的效果，所以网络教育更适合成人的继续教育与各种培训。

与传统教育应相互促进、共同发展

网上大学Lnext的创建人罗森菲尔德说："我们欣赏哈佛这样的名校，但问题是只有1%的人有机会、时间和金钱上顶尖大学，我们瞄准的是剩下的99%。"

网络教育给传统教育带来了巨大的影响，不论是在教育模式、教学方法和教育管理上，还是在教育资源的利用、受教育范围和受教育程度上，在很多方面是传统学校教育根本没法比拟的，传统的"一次教育"不能适应日新月异不断增长的知识和技能要求，终身教育才能适应当今时代的发展。

今天，网络教育突破了学习空间的局限，提供了师生异地同步教学和开放的教学内容，学习者不受职业、条件的限制，在任何地方只要能够连接到网络，就好像坐在教室里上课一样。网络教育不受学习时间的局限，每个人都可以在任何时候，选择适当的教育信息，获得自己所需的任何教育内容，最有利于创造出一种"实时学习的空间"和真正做到了"按需教育"。现在的网络教育能够让更多人同时获得高水平高质量的教育，但目前网络教育遇到的综合问题是如何在网下提高教学质量，它需要与传统教育在方法上相互结合，事实上，网络教育与传统教育的关系可以被描述为共存与发展，但可以肯定的是网络教育的前景十分光明。

链　接

如何在网校学习

目前我国高等学府开办的网络远程教育学院都有自己的网站，并在全国各地设有教学辅导站。学员可以通过访问网站和咨询当地的教学辅导站了解到该学院的相关信息，以明确该学院是否适合自己的需要。在注册之后会获得可以登录网站各种教学场所的ID，有了它你就可以到电子教室上课了。电子教室会有相关的多媒体课件供点播，你可以根据自己的需要安排学习进度。

语音电话欢快打
——网络电话

由于传统的通信业费用的高昂，于是乎网络电话迎来大春天。网络电话相对传统通信最大的优势就是资费低廉，甚至有的网络电话资费低廉至每分钟仅仅只需要几分钱。

网络电话又称为IP电话，它是通过互联网之间互联的协议（Internet Protocol）来进行语音传送。系统软件运用独特的编程技术，无论是在公司的局域网内，还是在学校或网吧的防火墙背后，均可使用网络电话，实现电脑与电脑的自如交流，无论身处何地，双方通话时完全免费；也可通过电脑拨打全国的固定电话、小灵通和手机，和平时打电话完全一样，输入对方区号和电话号码即可，享受IP电话的最低资费标准。其语音清晰、流畅程度完全超越原有IP电话。

网络电话是利用电脑和互联网对固定电话、手机和小灵通等进行电话拨打的一种电话接入服务，它同时也是目前最为经济实惠的电话拨打方式。网络电话本身没有月租，由于用户一般采用购卡或充值消费，所以用户在购卡或充值消费时所获得的大额话费回馈可以使用户的综合通话成本降至到最低的区区几分钱。网络电话自20世纪90年代正式推出以来，不仅在欧美及部分亚太地区十分流行和风靡，而且其在国内的发展近几年也是呈现方兴未艾的态势。网络电话是一项革命性的产品，它可以透过网络做实时的传输及双边的对话，为人们提供了一个完全新的、容易的、经济的方式来和世界各地的朋友及同事、亲人等通话。

通话质量大比拼

在宽带互联网高速普及的今天，网络电话的实际通话质量已经越来越好，据调查很多用户反映在拨打和接听网络电话时根本感觉不到与传统电话的差别，这也是数以万计用户纷纷选择网络电话的一个重要原因，毕竟打电话的通话质量什么时候都是第一位的，用户打电话当然考虑的是通话质量，不管市话有多低廉，甚至是免费的，如果通话效果延时或出现杂音，用户肯定都不会使用。基本上来说，网络电话的通话效果都很好，比如e信网络电话是用固定电话线路发起的呼叫，走的是固话移动的路线，打电话效果跟用固话打的一样。但是网络电话有时候会出现延时，比如Skype，在黄金时段的时候通话延时最高的达到33秒，这是因为网络电话主要是依赖于网络信号，网络如果不畅通，那网络电话还是会出现延时或杂音的现象。

资费大PK

网络电话在资费上要有足够的诱惑力，而这一点又似乎是网络电话先天的优势。按照现行电信国内长途的资费标准，用户使用固定电话或小灵通拨打国内电话是0.07元/6秒，即每分钟是0.7元，而用户使用长途电话卡或相应的手机套餐拨打国内长途，最便宜的也需要每分钟0.2元~0.3元，国际长途呢？其高昂的资费可能更会让用户难以接受。网络电话则完全不同，对于用户来说当然越便宜越好。Skype拨打国内电话仅要0.17元/分钟、UUCall是0.12元/分钟，e信是0.15元/分钟，蝈蝈拨打国内电话要0.099元/分钟，KC拨打所有国内电话需0.10元/分钟。这些都明显低于现行传统国内长途的资费标准，如果折算用户在网络电话购卡或充值消费时所获得的大额话费回馈，网络电话巨大的价格优势是不言而喻的，我国网络电话注册用户正在呈现前所未有的几何式增长，用户蜂拥而至。而在目前互联网行业能够聚集如此众多的人气，也使得许多国际投资同行对中国的网络电话发展刮目相看。

附属功能比一比

附属功能中大部分网络电话具有聊天功能，并且与主流聊天工具互通，如MSN、多人通话、传真、邮箱、短信、免费送歌及网络硬盘。因为操作简单，功能齐全，一个软件就可以搞定所有的需求。

网络电话，不仅有聊天功能，还可以发有声短信，把文字变成声音，玩出自己的个性，比如"KC网络电话"和"Skype"，它们也都提供有电子邮件功能，具有像OE和FoxMail等这样的完整邮件客户端功能。KC还具有包括短信收发、短信群发、邮件收发、机密电子文档传输、通讯录智能名片式批量导入管理及QQ、MSN聊天等在内的多元化网络通信功能。

链　接

网络话吧

近年来一些网络电话"话吧"在学校、居民住宅区、工业区等迅速兴起。与几年前兴起的传统"IP公话超市"不同的是网络电话的运营成本更为低廉，且进入门槛更低。只要一台电脑、一条宽带、几台电话机加上一个计费软件就可以操作，网络公司向加盟者或者运营商提供技术支持即可。由于像平常打电话一样方便，网络"话吧"迅速占据中低收入和外来打工人员的市场，并对传统电话业务形成冲击。

但网络电话业务目前还处于"灰色地带"，法律没有限制也没有允许，市面上出现的网络电话"话吧"也并没有营业执照。另外，网络电话本身也有先天缺陷，停电时候无法使用，而且网络电话还存在被偷听偷录的风险。

网络电话推荐

★Skype网络电话

它可以免费高清晰与其他Skype用户进行语音对话，也可以拨打国内国际电话，无论固定电话、手机、小灵通均可直接拨打，并且可以实现呼叫转移、短信发送等功能，国内拨打费率为0.17元/分钟，中国到美国也是0.17元/分钟。而且还有44元/每月拨打1万分钟的套餐选择，建议每月电话超多的公司或者业务联系员使用。

★UUCall网络电话

可以用电脑拨打全球任意手机、固话。是中国网络电话第一品牌，是一款专业的多媒体网络通信软件。在语音和视频的传输上做了大量的优化，使语音更为清晰、视频更为流畅。同时，软件增加了一些时尚实用的功能：如酷铃、自动答录机、录音录像等新颖特性，还可以拨打传统的电话或手机，低廉的通话费用是传统电话无法比拟的。UUCall用户之间全球免费通话，音质超越一般聊天软件。用电脑拨打全球任意手机、固话，最低至0.06元/分钟。

★KC网络电话

是从我国第一代网络电话开始逐步快速成长起来的品牌网络电话软件，不仅掌握着最为核心的网络电话技术，拥有多项具有自主知识产权的国家专利技术。软件除了拥有电信级高品质通话质量外，还兼有包括短信收发、短信群发、邮件收发、机密电子文档传输、通讯录智能名片式批量导入管理及QQ、MSN聊天等在内的多元化网络通信功能，用户只要进行注册即可拥有60分钟的免费国内通话时间或60条免费的手机短信赠送。软件拨打全球任何一部固定电话、手机及小灵通，全国最低资费只要区区0.05元/分钟，而拨打国际长途最低也只需要0.7元/分钟。

全球资源齐分享
——资源共享

在进入网络时代、P2P时代以来，人们或许早已习惯了用"共享"无偿索取，上演着网络时代资源共享大家亲，影视、音乐、动漫、漫画、游戏、软件、图书……统统都能进入共享的时代。

在社会经济飞速发展的今天，资源能够方便、安全、快捷地实现共享，这是时代提出的要求，而计算机网络就能够满足这一要求。今天人们把电视节目放在互联网上，让全世界的人随时想看就看，把一个好的老师讲的课程录像放在互联网上，让全世界的人都可以学得到最好的教育，把最新的新闻放在网站上，希望让关心的人第一时间可以看到……还需不需要每个人去请一个家教，还需不需要人手一份报纸？这就是互联网最大的奥妙，互联网就是这样，让大家去用同一个资源，最大限度地节省成本，提高效率。

基于网络，资源是大家最基本的物质，所以基于资源的各种收费随之而来，但是许多网络爱好者不求利益，把自己收集的一些资源通过网络平台共享给大家，这就是资源共享，以计算机为载体，借助互联网面向公众，进行信息交流和资源共享。这里需要注意的是有些资源为了保护劳动者的基本利益，还是应该购买原装正版的产品。

一部部最新大片与电视剧不断地上演，流行音乐不断地发行，在网民对信息需求旺盛的时代，更愿意与大家一起分享，网络为人们提供了平台，音乐、电影、电子书……只需在网上输入关键字，如果有符合的资源都可以轻松获得。但是对于无边的"宝藏"让很多人都感觉很茫然，如何才能充分利用丰富的网络资源呢？网络下载是挖掘网络资源最主要的方式，但很多用户却只会使用IE下载文件，事实上，充分利用各种下载工具可能大大提高网络下载的速度和效率。所谓："工欲善其事，必先利其器。"下载工具牢牢抓住了人们需求的机遇，为人们提供了一个更精彩的网络世界，使用共享工具来挖掘网络宝藏，给网民带来更多便捷和价值。将搜索与下载完美的结合——下载引擎，充分利用了网络上的多余带宽，采用"断点续传"技术，随时接续上次中止部位继续下载，有效地避免了重复劳动，这大大节省了下载者的下载时间。

目前的下载工具已不再单纯具有下载职能，还兼具内容推荐功能，都整合了包括影视、软件、音乐、游戏等各方面的海量资源。在中国的互联网市场中，正如各大搜索引擎公布的"十大关键词"一样，从搜索的流量来看，除了传统的网站、网址、网页外，音乐、图片、影视、游戏搜索分别占据搜索流量排名的第二到第五位，以上四项功能的份额占据总流量的55%。随着搜索引擎市场的不断细分，娱乐搜索会成为最热的功能，垂直搜索成为搜索引擎必然的方向，使其致力于影音视频领域内容的全面和信息的深入搜索，更具体的整合资源，实现了用户的需求。

网络已经成为人们生活中的一部分，在网络大家庭里可以获取大量需要的资源，在这里奉行"人人为我，我为人人"，在享受下载带来免费高速的同时，也不要忘了充分发挥共享精神，众人拾柴火焰高，只要大家都能够这样做，这个大家庭才能越来越壮大！

链　接

常用的下载工具

★迅雷6：

迅雷无疑是最受欢迎的下载工具，目前稳占下载领域第一的位置。其新一代版本迅雷6.0测试版已于2008年发布，全新界面增加了优化内容推荐和文件管理功能，同时增加带宽使用模式、网页智能分析和抓取，任务搜索等新功能。据官方透露，目前尚有少部分功能没有完全实现。

★快车3：

前下载王者——快车被收购之后，一直进行着不懈努力，试图重返王者之位。2009年春节前夕，快车正式发布3.0 Beta版，新版可谓大刀阔斧，全面调整原有界面和布局，同时进一步优化核心性能，以及新增边下边看和文件共享两大功能。

★QQ旋风2：

腾讯插足下载领域的超级旋风，这些年一直在稳健的发展着。2009年初，腾讯推出全新的QQ旋风2，一改传统下载软件布局，突出以资源为主的下载模式，给人耳目一新的感觉。

★脱兔3：

最早涉足全能型下载的软件，脱兔3开始采用跨协议技术（也是最早应用此类技术的下载工具）。目前市场占用率虽然有限，但一直具有较强的创新意识。

★Bitcomet：

随着用户需求的提高，Bitcomet不再墨守专业BT下载领域，不断进行着自己的调整。目前不仅采用跨协议技术，支持各主流下载，也实现边下边播等新型功能。曾经的老牌BT工具，已转型为全能下载工具之一。

新一代网络（the grid）下载快宽频万倍

互联网服务正酝酿革命性转变，日内瓦Cern粒子物理学中心正研发新一代网络，传输速度可达标准宽频服务的1万倍，下载电影只在弹指之间，其威力之强大，可容许网络游戏万人对战，高清视像通讯平民化，全息立体图像随传随到。极速网络在美加、远东、欧洲等世界各地设有11个中心，连接至多家研究机构。以英国来说，当前有8000个服务器，2009年秋天所有学生和学术研究人员都可使用新一代网络。

可以点播的电视
——网络电视

电视，有许多不同的看法，最新的看法是IPTV。从固定频道收视，到卫星频道收视，再到现在的网络化互动收视，电视收视的IP化无疑引领了这个时代的新风和时尚潮流，并受到社会各阶层的青睐。

无需购买碟片，就能把整部连续剧一口气全部看完？观看节目中间还没有广告骚扰？想看就看不会错过任何好看的节目？这些曾经是多少电视迷的奢望，现在随着网络电视的出现，奢望竟然轻而易举地变为现实……

网络电视又称IPTV，它将电视机、个人电脑及手持设备作为显示终端，通过机顶盒或计算机接入宽带网络，实现数字电视、时移电视、互动电视等服务，网络电视的出现给人们带来了一种全新的电视观看方法，它改变了以往被动的电视观看模式，实现了电视按需观看、随看随停。网络电视只不过将传输的路径从有线电视变为互联网，用户不必缴纳电视收看费用，也不必花钱购买电脑硬件进行改装，几乎称得上零成本使用，唯一需要注意的就是如何找到能够保证流畅播放的"频道"。

P2P技术令网络电视普及

当前中国网络视频领域主要有两类主流运营商模式：第一类是视频分享模式，比如大家熟知的优酷网等。这类网站的内容基于网友自发上传的原创自拍或其他视频内容的节选，实际上也能找到很多电影和电视剧，但很难满足收看比赛实况的需要。近两年，随着众多视频分享网站的兴起，人们甚至不用下载、安装任何应用软件，只通过浏览器就可以实现电视节目的观看。视频分享网站的节目以片段为单位，用户可以通过搜索引擎直接检索到自己想看的节目。这些网站所收录的节目均由网民自己上传，题材更广泛，针对性更强，进一步满足了人们在线看电视的需求，使许多人彻底告别了电视机。

第二类是网络电视模式，与视频分享网站的最大不同在于使用了P2P技术，即点对点技术，这种技术可以在有限带宽和存储资源的情况下，实现数据资源的分享。P2P技术最早应用于文件资料的分享，如BT、电骡下载。最近几年开始应用于在线视频播放。很多专用网络电视软件像PPlive、PPS都是基于这项技术。经过实测，能实现流畅播放，直播电视节目的延迟仅有2分钟左右，基本做到了和电视同步。

改变生活方式

互联网每一刻都是崭新的，网络电视每一刻也是新的。在网络电视发展中，"网视"或许不经意间，成为你的生活习惯。以前人们看电视总是很被动，有自己喜欢的节目就会盯着节目预告，按时按点地准时观看。有时候人们看电视还找不到自己喜欢的节目，也许每个人都有过这样的经历，在无聊的时候，唯一能做的事就是拿着电视遥控器从这个台按到那个台，将四五十个频道一遍一遍地翻按，坐在电视机前机械式地转换频道。有了网络，出现了网络电视，它把主动权交还给观众，想看什么节目就看什么节目，想什么时间看就什么时间看，完全由自己决定，真的是很方便。在互联网普及的今时，互联网走进了千家万户，而网络电视的出现成为了人们休闲方式的最佳选择。

现在大部分年轻人业余生活，已经逐渐从客厅转移到房间，从以前的以电视为中心，转变为现在的以电脑为中心，而网络电视的发展与壮大，在这个过程中扮演了十分重要的角色。当前很多年轻人早已不知道自己家中的电视机总共有多少个频道，他们把更多的时间消耗在电脑上，包括观看传统电视节目。浏览当前的互联网，电视剧、电影、综艺节目、赛事直播等各类迎合不同受众口味的内容，都能在网络电视上找得到。网络电视因其内容不受时间、空间限制，涵盖范围广泛，传播迅速等特点，正成为年轻一代追捧的对象。

最近，中国互联网信息中心发表了一份报告。报告认为，在现阶段和未来几年内，带动互联网继续高速成长的最重要因素，将是多媒体的应用。专家指出，在未来的5年、10年，网络电视将会在很大程度上影响和改变人们的生活。随着信息高速公路建设的进一步提速，网络电视发展会更好。网络电视运营商已经嗅到了网络电视散发出的诱人"香味"，正积极开展技术创新，打造更加丰富的播放内容，做大网络电视蛋糕。

网络电视的迅速崛起，有一点顺理成章的味道。只要有一个稳定的网络和一款合适的软件，就可以轻松地享受网络电视带来的乐趣。除了固有的电视频道，网络电视还提供内容繁多的点播节目，满足不同人群的观看需求。假如想看某一部连续剧、某一部电影、某一场体育赛事、某一档娱乐节目，只要轻点鼠标，网络电视便为你全天候循环播放。即使用网络电视观看传统电视节目，用户也可以随时选择暂停，而不影响观看的完整性。这种个性化服务，弥补了传统电视的欠缺，顺应了时代发展的需求，使网络电视受到人们的普遍喜爱。

  网络对人们生活的影响可以说已经深入各个角落，同时对网络的热情与依赖也是与日俱增，网络改变了人们很多生活方式。网络电视作为极有发展潜力的新兴产业，其产业链已经初步形成，它的出现无疑改变了人们的生活，为人们带来全新的生活方式，同时也给运营商带来了新的业务增长点。

专家远程在线看病
——网上医疗

当今的网络能汇集全球的妙手回春之士，诊治疑难顽症，也许有人曾经在科幻片里看到过这样的场景，全球医学专家坐在各自电脑前，分析屏幕中病人的心跳、呼吸、影像等检查数据，得出最权威的建议和治疗方案，对方医生根据专家的指示操作治疗……今天它已经来到普通大众的身边，并创造着一个又一个的奇迹。

网络多媒体技术的发展是建立网络医疗通信系统的基础，一个开放性的远程医疗系统应该包括：远程诊断、专家会诊、信息服务、在线检查等部分。网络医疗是一种新兴的医学服务模式，它突破了时间、地域的限制，能以最快的速度传播医学知识，提高边远地区医疗水平，对危重病人实施紧急救助等，其发展前景极为远大。但要想让网络医疗真正发挥作用，必须加强信息资源整合，严格上网审批与资质鉴定，对网上医疗行为进行全方位规范管理，网络医疗将成为一种趋势。因其便捷特点，吸引着无数网民投身其中。

网上咨询

当信息化技术为人们带来越来越多便利的时候，当到医院就医成为一种奢侈的时候，如何建立方便、廉价的网络就诊方式已经成为很多人的期待，网络医疗的形式在不断的丰富与发展。如今互联网上有关医疗保健类的网站如雨后春笋般层出不穷，使人们足不出户便可寻医问药，享受网络所带来的快捷和便利。寻医问药是人们日常生活的一种基本需求，于是网络医疗咨询类的网站也得以快速发展，网络医生会尽量回复来咨询的患者问题，有时医生个人不能解决所有患者提出的各式各样的问题，对于专业能力以外的问题，也会推荐咨询者到其他的专科医师那里给予解决，值得欣慰的是，它的努力和爱心得到了广大网友的认可。

随着互联网的普及和健康网站功能的不断完善，现在有越来越多的人愿意通过网络来了解健康知识，甚至进行简单的自我诊断。许多健康类网站也通过提供医生问答、疾病介绍等充当着私人医生的角色。

远程诊疗

对于危重病人来说时间就是生命，尤其对于处在偏远地区和一些不能颠簸的病人，专家如果赶到当地会浪费很多时间。现在有了网络平台正好解决了这个问题，而专家可以通过平台采集到所有数据，并24小时全天候地提供网络会诊。它的直接好处是会诊次数明显增加，医生可以随时随地监控。前方的医疗队员可以通过远程网络医疗服务平台和后方专家保持联系，跨越地域实时传递信息，使医疗援助更及时、更高效。

　　网络医疗服务平台以互联网为主要通信手段，通过信息技术与数字医疗技术的深度整合，开展远程会诊、远程监护等医疗服务。网络医疗可以免去患者来回长途奔波求医的辛苦；省掉挂号排队的时间和一部分诊疗费用；改善大医院"看病难"的问题，减少受到号贩子和医托儿滋扰的可能。它的出现让人们在寻求医疗救助时可以选择多种途径，使求医的方式和理念发生了转变。虽然目前网上医疗的现状与广大患者的需求还相距甚远，但是它的发展空间还是特别巨大的。

链　接

规范管理网络医疗

　　卫生部出台的《互联网医疗卫生信息服务管理办法》，明文规定：医疗卫生信息服务内容包括医疗、预防、保健、康复、健康教育等方面的信息。所有医疗卫生网站只能提供医疗卫生信息咨询服务，不得从事网上诊断和治疗活动。利用互联网开展远程医疗会诊服务，属于医疗行为，只能在具有《医疗机构执业许可证》的医疗机构之间进行。医疗卫生网站登载的信息必须科学准确，注明信息来源；登载或转载卫生政策、疫情、重大卫生事件等信息必须遵守有关法律、法规。

"网"事如歌形式多
——网络功能

生活中，互联网的影响无法估量，网络渐渐地成为人们生活中不可缺少的一部分，人们现在需要互联网，以后的生活将更加依赖互联网，它正在改变人们的生活已成为不争的事实，人们的生活因它而变得更加精彩……

翻译随意用——在线字典、在线翻译

随着"地球是平的"这一概念日益深入人心，网络正在用另一种方式将世界各地的人们的距离拉近，但是各种语言之间的隔阂使得人们在相互沟通上仍然存在困难。借助于软件、网站等翻译工具的确是一个好办法。在网络为王的今天，在线翻译工具的应用越来越凸显出强大的亲和力。一项调查显示，有67.1%的网民选择在线翻译，这表明互联网普及后在线翻译的异军突起，搜索巨头谷歌、百度对在线翻译的重视程度已经说明一切。翻译是一门严谨不容践踏的语言文化，在线翻译主要以网络为基础，是通过后台词库和网络搜索资源来获得最接近的翻译结果。将网络技术和语言精华完美结合，为网民提供即时的在线翻译或者人工翻译服务，让你站到专家的肩膀上翻译和学习。有了在线翻译，即使不会外语也可以轻松实现与外国友人的在线对话。

独特的专属存储空间——网络硬盘

网络U盘（也称"网络硬盘"），顾名思义就是可以提供文件的存储、访问、备份、共享等文件管理功能的远程存贮器，可以把它看成一个放在网络上的硬盘，不管是在家中、单位或其他任何地方，只要连接到互联网，你就可以管理、编辑网盘里的文件，类似于自己的U盘，可以用来存储很多的资料。只不过是远程控制的，而且它的功能还比U盘更强大。目前Internet上提供有不少免费的大容量网络U盘。借此，人们就可享受其存储管理和文件共享功能，同时也解决了传统存储方式携带不便、异地文件交换困难、存储设备易损等问题。

好玩贺卡等你发——电子贺卡

时下，对网络产生依赖的人们，在节日里传递祝福与问候时，开始热衷点击鼠标，用电子贺卡的方式来传递祝福，使得传统的纸质贺卡逐渐遭到冷遇。电子贺卡就是利用电子邮件传递的贺卡，它通过传递一张贺卡的网页链接，收卡人在收到该链接地址后，点击就可打开贺卡图片。贺卡种类很多，有静态图片的，也可以是动画的，甚至还可以带有美妙的音乐。发送电子贺卡其实是件很容易的事，而且大部分是免费的。方便、时尚是电子贺卡能赢取现代人欢心的主要原因。另外，电子贺卡还可以充分显现个性，比如为贺卡配上自己挑选的背景音乐、背景图案等。如果有兴趣，甚至可以自己动手制作一张绝不会和别人雷同的、有自己近照的电子贺卡。随着网络的普及，发送电子贺卡无疑是节约资源的好方法，日渐受到人们的青睐。

享受畅听的快乐——网上音乐厅

从第一部Walkman下线到现在的PSP流行，随身听的概念已经风靡全球数十年，"腰间音乐文化"曾主宰着一代人的生活。网络的出现让卡带和CD逐渐变成历史，免费下载正版音乐、付费购买音乐渐渐成为这个时代的音乐生活方式。在线音乐视听，以网络为平台，能够提供最全的音乐歌库，为音乐爱好者提供了方便，无需下载软件即可收听下载流畅的音乐。

网络U盘推荐：

★QQ网络硬盘

QQ网络硬盘是腾讯公司推出的在线存储服务。服务面向所有QQ用户，提供文件的存储、访问、共享、备份等功能。

对QQ免费普通用户：只需要点击QQ面板图标，确认QQ免费用户使用协议，就可以享受16M免费网络硬盘空间；

对QQ行用户：只需要点击QQ面板图标，就可以享受32M网络硬盘空间；

对QQ会员用户：只需要点击QQ面板图标，就可以享受128M网络硬盘空间。

★搜狐邮箱的网络U盘

2008年新年之际，搜狐VIP邮箱推出了永久存储空间的新版网络U盘。除保存时间无限之外，新版网络U盘融合了最新的

AJAX技术，支持批量上传、下载，打包下载，断点续传等功能，界面设置简洁清爽，图形化的操作按钮易于用户上手。同时网络U盘很好的和VIP邮箱结合，用户可以将网盘中的文件发邮件或将下载链接共享给好友。

★智能网络U盘空间（www.ablemail.cn）

1G的邮箱空间，支持30兆附件，能安全传送百兆文件，512兆网盘空间，集文件共享、FTP登录、单个存放文件大小超过250M，无论何时何地，将文档、照片、音乐、软件统统存起来，真正感受在线存储的方便。随时随地登录ablemail邮箱，访问网盘，收发邮件、硬盘存储两不误，将重要个人文档、数据、必备软件、系统补丁等备份，同误删带来的阵痛告别。

电子贺卡网站推荐：

★心意坊（http://cards.silversand.net/）

心意坊贺卡是国内最大及最优秀的网上电子贺卡中心之一，具有强大数据库支持，功能齐全易用，拥有丰富多彩的电子贺卡作品，flash卡、java效果卡、gif动画卡、静态卡，应有尽有。精美的电子贺卡加上各种各样的功能选择，能够满足人们"礼虽小，情意深"的特别需求。

网上音乐厅推荐：

★酷狗（KuGou, http://www.kugou.com/）

酷狗是国内最大，也是最专业的P2P音乐共享软件，拥有超过数亿的共享文件资料，深受全球用户的喜爱，同时也拥有上千万使用用户。最新的V3版本给予用户更多的人性化功能，实行多源下载，它是国内最先提供在线试听功能的网站，方便用户进行选择性的下载，减少下载不喜欢的歌曲。娱乐主页每天还会提供大量最新的娱乐资讯，欧美、中文和日韩的最新大碟，单曲排行下载让你轻松掌握最前卫的流行动态，充分享受KuGou提供的精彩娱乐生活，而且还开放了音乐酷吧，让喜欢同一个歌手的歌迷们在网络上聚在一起相互交流。

寸步不移游遍天下
——网上旅游

随着整个社会消费个性化时代的到来，越来越多的消费者已不再满足于传统的组团旅游，个性化、多样化的旅游形式正广泛地被消费者所接受，并为网上旅游提供了难得的发展良机。

网络旅游，是指旅游者通过互联网与网站取得沟通，在网上安排自己的旅游路线，提出所需的交通方式和住宿条件等，然后由网站按照你的需要安排好具体的行程。在整个过程中，旅游者也不再由传统的导游陪同，而是通过互联网与网站联系，随时随地获得网站为旅游者提供的各项服务，网络就是最贴心的导游。

网上风光无限

有了网络，更多的人们在外出旅行前，首先选择在网上搜索各种旅游信息，然后根据自己的主观偏好做出决策。互联网为喜爱自由、不愿受拘束的旅行者们提供了前所未有的广阔舞台和崭新的生活空间，通过互联网上的旅游网站，人们可以非常详细地了解到旅游目的地的"吃、住、行、游、购、娱"的相关情况。网站上的各种旅游信息鲜明突出，对旅游者产生了强烈吸引力，网络图文并茂，声像交融地将文本、图像、声音等信息融为一体展现出来，"原汁原味"地突出现实世界，为游客提供实景再现。还可以通过网络搜索出旅游地更多的风土人情，这样游客就可以怀着一种十分轻松的心情踏上预定的旅途。即使是要去一个根本没有去过的陌生地方，游客也不再那么陌生了。

现在更多的人在真正旅游前都会通过互联网来一次虚拟旅游，对自然景观、人文景观和旅游服务进行形象化的欣赏与体验，然后再决定是否前往。

网络让行程变简单

在网上，游客还可以将旅游过程中可能发生的经济支付行为预先搞定。旅游者可以在旅游网站上预订旅游目的地的宾馆客房，预订往返的飞机、车船票，甚至旅游景点的门票，这样旅游者就可以毫无后顾之忧地踏上他们的旅程了。

网络召集的诱惑

渴望自由、随意的感觉当然要选择自助旅行。近几年全国自助户外游发展迅速，网络元素的加入功不可没，这种方式因其简便、新颖，尤其受到年轻人的追捧。在网上寻找心仪的线路，遇见合适的就跟帖报名。然后，背上行囊就出发，这已经成为许多网友自助游的主要召集方式。有了互联网，你会发现原来这世界还是有很多人有着类似的想法，这种出游由路线发起者事先起草一份初步的旅行计划，然后通过旅游网张贴帖子，向网友发出邀请。帖子张贴以后，感兴趣的同"道"中人就会去报名。

通过网络，让更多的人有机会可以结识到志趣相同的朋友。在网上人们尝试着自发地联系和交流经验，相约出游已经成为当今的时尚。

网络改变的旅游方式

毋庸置疑，随着大众收入的普遍提高，传统旅游中那种赶时间、赶行程的旅游，已难以满足旅游消费者对个性、舒适、自主等方面日益强烈的要求。以互联网为代表的新媒介，不仅带来旅游信息传播渠道的转移，更重要的是，它不同于传统媒介的传播特征，将对整个旅游信息格局、旅游产品格局和旅游交易市场格局，以至于对整个旅游业产生深远的影响，网络旅游既意味着不跟旅游团走，也意味着自己能够在网上查询和解决所有的问题。

现在旅游者对个性化的需求越来越强烈，个性化的旅游使旅行社的业务越来越复杂，网络能够在这个需求上补充传统旅行社的不足。网络预订的市场是巨大的，网络预订的优势明显，不仅快捷、透明，而且更能够满足现代人的个性化、多样化的需求。这些优势都将导致更多的人放弃传统的旅游消费方式，选择网络市场。

目前国内已经有相当一批具有一定资讯服务实力的旅游网站开通，这些网站可以比较全面地对各地旅行社的服务线路提供网上资讯服务，这些服务涉及旅游中吃、住、行、游、购、娱等方方面面。根据相关提示进行操作，就能轻而易举地了解到各大城市各景点的详细介绍，如住宿、城市特色小吃及特产、城市娱乐场所、各大餐厅的资料和各个应急服务的联系电话等。这种新型的旅游预订方式将传统模式中从下订单、到付款、再到签合同等过程全部都在网上"一站搞定"。

链　接

电子机票

电子机票不仅订票、付款、办理登机手续的全过程都在计算机上完成，不需要等待订票公司送票，也不需要交纳订票费，而且变更出行时间或退票也很方便。旅客无需拿到传统的纸张机票，只要凭身份证和电子机票订单号，在飞机起飞前1小时到机场航空公司专门的柜台，就可以直接拿到登机牌上飞机。从而避免了因机票丢失或遗忘造成的不能登机的尴尬。

网上订房

在互联网上预订宾馆房间的形式是多种多样的，不仅有文本，还有图形、声音、动画等。饭店还会把大量的信息放到自己的网站上，供客人查阅。有的还用数码摄像机把饭店的硬件设施和一些服务过程"记录"下来，给客人以身临其境的感觉。这种网络预订给人带来的便捷和各种旅游信息的集成汇总极大地方便了旅游者。

自由团PK旅游团

旅游团总是安排很多购物行程，在景点上往往都是走马观花，时间仓促。而且团里的人年龄差距和素质差距都很大，很难玩到一起，也玩不痛快，有时还会发生不愉快的事情，使整个过程变得很扫兴。

自由团不但可以约上志同道合的朋友，而且吃、住、行都是大家说了算，非常方便。而且这部分群体非常热衷在网上寻找风景如画又少有人烟的地方，这样的地方一般都没有被旅行社开发过，总是能满足"用最少的费用，看最美丽的风景"的愿望。

在饮食方面的选择也非常多，跟旅行社出行，基本都是团餐，很难感受到当地饮食文化的实质和精髓。在网上预订出行就不同了，想吃什么就吃什么，可以在最出名的餐馆品尝完招牌菜肴，再去感受路边特色小吃的美味。在路线安排上，也可以根据自己的身体状况和天气情况而随时调整，这样的出行才更加人性化。

国内著名的旅游网站推荐：

★中国旅游资讯网（http://www.chinalyw.com.cn/）

可以查询全国各地、世界各地的风景名胜、旅游线路、酒店、旅行社、餐饮、娱乐、购物、交通等综合信息资料。同时提供酒店、票务、旅行社服务等网络预订服务。提供各省市的详细介绍，包括人文、名胜、物产等，以及各大旅游景点的推荐。

★搜狐旅游信息(http://travel.sohu.com/)

有20个小栏目分别介绍旅游常识、民俗风情、旅游景点等。

★携程旅行网(www.Ctrip.com)

大型旅游专业电子商务网站，专门为旅行者、旅行团体及旅游相关行业提供网上旅游服务。是国内最大的旅游电子商务网站，内容已涵盖了全国大多数旅游区的咨询、介绍，通过互联网和800免费电话提供快捷、优惠的订房、订票等旅行综合服务。

精彩的电子竞技项目
——网络游戏

　　游戏，不仅仅是儿童的专利，网络游戏的出现让许多成年人如痴入迷，因为它是交互式的，可以几个人玩，也可以和远方的朋友、家人玩。成就、发泄、消磨时间，在游戏中放纵自己的兴趣，人们在网络游戏中得到了久违的快乐。网络不仅方便了人们的工作、学习，同时也为人们的文化娱乐开辟了新的空间。

　　中国电子竞技运动的萌芽始于20世纪，《雷神之锤》以及《星际争霸》等几款经典游戏促生了这项年轻的时尚运动，从那时起接下来的时间里，中国电子竞技运动——网络游戏，得到了蓬勃发展，它又称"在线游戏"，简称"网游"。必须依托于互联网进行，可以多人同时参与的游戏，通过人与人之间的互动达到交流、娱乐和休闲的目的。

　　互联网改变了人们的社会生活及娱乐态度，游戏就是其中的一种，它的出现是为了满足人们的娱乐需求和理想变现实的踏板，尤其以年轻人为主。更快节奏的生存方式，压抑的生活促使人们追求更高层次的娱乐生活，网络游戏正是在这样的前提下被市场迅速接受，成为如今不可或缺的重要娱乐项目。这是电子竞技项目提供给人们的不同于以往传统娱乐方式的特征。网络游戏不断地融入人们的生活，并且相互影响。

今天的玩家们都愿意每月支付在线游戏的费用，就如同交水电费一样风雨不改，并焦急地等待下一个游戏。到现在中国网络游戏产业已经处在一个稳定、成熟的发展阶段。从整体来看，这个阶段中国网络游戏产业的发展呈现出统一性和协调性，并且逐渐形成了完整的产业链，处于产业链上的渠道销售商、点卡销售商、上网服务业（网吧等）和媒体等，伴随着网络游戏产业的发展而脉搏飞速地壮大起来。网络游戏异军突起成为整个网络经济发展的领头羊，得到迅猛发展。而占据产业整体链条上最关键地位的网络游戏运营商，也变得更加成熟和理智。

现代社会，随着工作节奏的加快和工作压力的增加，人们越加需要休闲与娱乐。与传统的电影产业一样，游戏产业也是娱乐行业的重要组成部分。网络游戏是一种基于互联网的计算机应用软件，以一定的文化内涵为核心的一种新型休闲娱乐方式。与传统的单机版游戏相比，网络游戏摆脱了枯燥、简单的程序循环，玩家们可以在虚拟世界里，一改生活中的本来面目，带着虚拟身份的面具与网络的其他玩手进行"面对面"的交流。你可以是振臂一呼、行侠仗义的威猛武士，也可以扮演在生活中不屑为之的妖魔鬼怪。揣测和虚幻极大地提高了网络游戏的可玩性、趣味性。网络上流行一种多人在线游戏"MUD"，这是一种支持全球游戏者多人参加的真人互动游戏。《大话西游》《传奇》《龙族》都是MUD游戏的典型代表。目前，中国内地的游戏市场已是红火异常，其中既有代表中国传统类型的《网络三国》，有再现欧洲中古时期剑与魔法相互较量的《万王之王》，也有体现回归野蛮与自然的《石器时代》等等。这些游戏都是最早进入中国市场的网络游戏，不仅已成为同类游戏的典范，而且已经成功地淘到了数量可观的第一桶金币。

　　网络游戏一度被称为是年轻人的时尚，他们的专利，但近些年来，一些老年人也加入到游戏大军中，老人们也加入了互动娱乐的队伍，纷纷在现场寻找自己的休闲与乐趣。网络游戏恰好为老年人提供了一个固定的娱乐与交流的平台，充实了老年人的晚年生活。既能满足老年人的互动需要，还能满足老年人不服老，与年轻人争胜的心理。游戏的轻松娱乐对丰富老年人的生活也起了相当重要的作用。

疯狂的恶作剧创造者
——网络黑客

网络技术在全球迅速地发展,也带来了网络犯罪的蔓延,使得人们闻"黑"色变。

"黑客"一词来源于英语单词hacker,在20世纪早期,麻省理工学院的校园俚语是"恶作剧"的意思,尤指手法巧妙、技术高明的恶作剧,后来也指热心于计算机技术,水平高超的电脑专家,尤其是程序设计人员。这些人为计算机和网络世界而发狂,对任何有趣的问题都会去研究,他们的精神是一般人所不能领悟的。无可非议,这样的"hacker"是一个褒义词。但英雄谁都愿意做,慢慢的有些人打着黑客的旗帜,做了许多并不光彩的事。

黑客的行为主要有以下几种:

学习技术

互联网上新技术一旦出现,黑客就必须立刻学习,并用最短的时间掌握这项技术,这里所说的掌握并不是一般的了解,而是阅读有关的"协议"、深入了解此技术的机理,否则一旦停止学习,那么以前掌握的内容,并不能维持他的"黑客身份"超过1年。

伪装自己

黑客的一举一动都会被服务器记录下来，所以黑客必须伪装自己使得对方无法辨别其真实身份，这需要有熟练的技巧，用来伪装自己的IP地址、使用跳板逃避跟踪、清理记录扰乱对方线索、巧妙躲开防火墙等。

发现漏洞

漏洞对黑客来说是最重要的信息，黑客要经常学习别人发现的漏洞，并努力寻找未知漏洞，并从海量的漏洞中寻找有价值的、可被利用的漏洞进行试验，当然他们最终的目的是通过漏洞进行破坏或修补上这个漏洞，在黑客眼中，所谓的"天衣无缝"不过是"没有找到"而已。

利用漏洞

对于正派黑客来说，漏洞要被修补；对于邪派黑客来说，漏洞要用来搞破坏。而他们的基本前提是"利用漏洞"做一些好事：正派黑客在完成上面的工作后，就会修复漏洞或者通知系统管理员，做出一些维护网络安全的事情；做一些坏事：邪派黑客在完成上面的工作后，会判断服务器是否还有利用价值。如果有利用价值，他们会在服务器上植入木马或者后门，便于下一次来访。而对没有利用价值的服务器他们决不留情，系统崩溃会让他们感到无限的快感。

黑客行为有着复杂的心理原因与文化背景，同时人们应该看到，并非所有黑客行为都对社会有危害，有些黑客行为对完善网络技术反而有着积极的作用，研究黑客行为的刑法对策，除了要了解其历史与文化渊源，还要考察其心理特征。不同的心理特征，决定了不同黑客的主观性，也决定了不同黑客行为的社会危害性，这是判断对不同黑客行为的刑事政策的根据所在，人们希望在这个网络大家庭中能够有更多的正派黑客来维护这个大家庭，而不是大家所广泛理解的贬义。

链接

黑客与骇客

黑客和骇客并没有一个十分明显的界限。他们都入侵网络，破解密码。但从他们的出发点上看，却有着本质的不同：黑客是为了网络安全而入侵，为了提高自己的技术而入侵。黑客们梦想的网络世界是没有利益冲突，没有金钱交易，梦想完全共享的自由世界。而骇客们是为了达到自己的私欲，进入别人的系统大肆破坏。为了几个零花钱而破解软件。黑客们拼命地研究，是为了保护完善网络，使网络更加安全。骇客们也在钻研，他们是为了成为网络世界的统治者，成为网络世界的神。这是多么可怕的想法，现代社会越来越依赖于网络，如果没有黑客保护人类的网络，网络早就会被那些别有用心的骇客所利用，成为一个暗无天日的世界。

黑客不干涉政治，不受政治利用，他们的出现推动了计算机和网络的发展与完善。黑客所做的不是恶意破坏，他们是一群纵横在网络上的大侠，追求共享、免费，提倡自由、平等。黑客的存在是由于计算机技术的不健全，从某种意义上来讲，计算机的安全需要更多黑客去维护。但到了今天，黑客一词已被用于泛指那些专门利用电脑搞破坏或恶作剧的家伙。通常对黑客的理解一般也成为了贬义的,是指利用计算机技术非法侵入、干扰、破坏他人的计算机信息系统,或擅自操作、使用、窃取他人计算机信息资源,对电子信息系统安全有不同程度的威胁和危害性的人。由于黑客行为不仅仅入侵他人的计算机系统,更有不法之徒利用黑客入侵牟取不法利益,对网络使用者造成相当严重的危害,因此从重严惩黑客的声音也越来越强。

也可以说"黑客"大体上应该分为"正""邪"两类,正派黑客依靠自己掌握的知识帮助系统管理员找出系统中的漏洞并加以完善,而邪派黑客则是通过各种黑客技能对系统进行攻击、入侵或者做其他一些有害于网络的事情,因为邪派黑客所从事的事情违背了《黑客守则》,所以他们真正的名字叫"骇客"(Cracker)而非"黑客"(Hacker)。

迷恋网络的羔羊群
——网络成瘾症

任何一种新技术的出现，在带给人类巨大惊喜的同时，也会带来种种无序和盲目。而作为一种能让人上瘾的技术，网络不但给人们的生活方式带来种种趣味和变化，也对人们的心理和生活带来了种种的影响。

越来越多的人走进网络世界学习知识、享受乐趣，但也有许多未成年人过度沉迷网络不能自拔，身心受到极大伤害。"网瘾"群体已成社会各界的隐忧。如何培养网民良好的上网习惯，引导正确使用网络已成为当务之急。

网络成瘾又称互联网心理障碍（Internet addictive disorder，简称IAD），临床上是指由于患者对互联网络过度依赖而导致的一种心理异常症状以及伴随的一种生理性不适。表现为对使用网络产生强烈欲望，突然停止或减少使用时出现烦躁、注意力不集中、睡眠障碍等。按照《网络成瘾诊断标准》，网络成瘾分为网络游戏成瘾、网络色情成瘾、网络关系成瘾、网络信息成瘾、网络交易成瘾5类，标准明确了网络成瘾的诊断和治疗方法。

网络成瘾通常是个体反复过度使用网络导致的一种精神行为障碍，是一种过度使用互联网的心理疾病，患者无法摆脱时刻想上网的念头。目前在上网人群中，发病率越来越高，年龄介于15~45岁之间。有关专家对网络成瘾病人的描述是：对网络操作出现时间失控，而且随着乐趣的增强，欲罢不能，难以自拔。这些人多沉溺于网上自由聊天或网上互动游戏，并由此忽视了现实生活的存在，或对现实生活不再满足。初期只是精神上的依赖，渴望上网；而后可发展成为躯体上的依赖，表现为情绪低落、头昏眼花、双手颤抖、疲乏无力、食欲不振等。

现实中的社会，有70%以上的年轻人选择的娱乐方式是打网游，这绝非偶然的现象。一方面由于社会娱乐消费的水平越来越昂贵，例如歌厅、迪吧、电影院等场所，虽然是年轻人比较喜爱的娱乐项目，但是高额的费用也使得他们的消费也只能局限于"适当"的娱乐项目。一些传统的体育项目虽然也深受年轻人的喜爱，但是由于体质、天气等原因制约了数量上的发展，外加上如今便民体育设施还很难满足人们的需要，不少拥有体育设施的地方，为了"盈利"而增加使用费用。娱乐项目看似繁杂多样，但是适合老百姓的娱乐项目，却难得一见。如果没有网络游戏，很难想象七成的年轻人以何种项目为娱乐手段。越来越多的年轻人无法与现实世界的人们沟通。大部分人深处在压抑和空虚的生活中，人们无所适从地压抑着真实的自己，隐藏着自己而无法面对现实。人们在缺乏沟通和交流的同时，也同样压抑着自己发泄的欲望和心情，这些潜在的因素都影响着他们走向恶魔。

对于家长来说，最大影响者的确是孩子。拿游戏来说它是否卖得好，是由游戏好不好玩所决定的，一旦好玩自然会得到玩家更多的时间，换来更多的利润。如果游戏不能够让人沉迷，那么它就有可能是一部失败的作品，网络游戏更是如此。但是对于父母来说，孩子沉迷网络游戏是一件坏事，这样的命题一部分是社会舆论导向，另一部分确实也是社会存在的问题因素，而提出这样观点的最大认同者，想必就是那些沉迷游戏玩家的父母。对于非沉迷玩家，父母依然会坚决的打击，这是因为"有可能沉迷"的因素。

"网瘾"往往被人们看成是与"毒瘾"一样的东西，自然很多人就主张采取"戒毒"一样的方式来帮助青少年戒除网瘾，即使用"隔离法"，让他们远离网络，"不见可欲，使心不乱"。使青少年网络成瘾的原因并不在网络本身，而是要到网络以外的地方，迷恋网络只是他们寻求"快乐"的方法。它只有被整合到一定的社会文化语境中才表现出它的各种功能与效应，不管是正面的还是负面的。由于过度使用互联网而导致心理、社会功能受损这一行为已经存在，并严重影响到网民正常的学习、工作、生活，甚至影响到整个家庭，乃至整个社会的生存和发展，目前网络成瘾已引起医学专家、网民和家长们的注意，人们又惊又惧，在不断戒网与不断上网中挣扎，在享受与沉沦中难以自拔。

对于一些人来说网络沉迷如同定期的旅行一样，它能起到缓解真实生活的压力，获得暂时的心里放逐，回避现实中的不愉快，他们这种回避现实生活的做法，等到他们心情好转后就能恢复正常的工作，但对于严重的网络成瘾症来说，通过自我行为规范来约束是不够的，也不能解决问题，这就要求家人和医生来帮助。心里专家呼吁，人们一定要"兴利除弊"，注意网络心理卫生与健康。

新时代的灰色诱惑
——网络犯罪

互联网的广泛应用丰富了人们的生活，成为可以创造财富的生产力，极大地方便了人们获取各种信息及资源，为人类构建了一个快捷便利的虚拟世界，使人类进入了一个前所未有的信息化社会。但所谓"物极必反"，绚丽多姿的网络世界，就像"潘多拉的魔盒"，在给人类带来"好处"的同时，也释放出"飘过世纪的乌云"。

网络在为人们带来巨大便利的同时，一些不法分子也看准了这一点，利用网络频频作案，近些年来，网上犯罪不断增多。一位精通网络的社会学家说："互联网是一个自由且身份隐蔽的地方，网络犯罪的隐秘性非一般犯罪可比，而人类一旦冲破了某种束缚，其行为可能近乎疯狂，潜伏于人心深处的邪念便会无拘无束地发泄。"目前网络犯罪越来越受到社会各界的高度关注和重视，已经成为世界各国政府主管部门、企业界和网络用户共同面临的一个严峻挑战。

网络犯罪主要指运用计算机技术，借助于网络实施的具有严重社会危害性的行为。网络的普及程度越高，网络犯罪的危害也就越大，而且网络犯罪的危害性远非一般的传统犯罪所能比拟。

网络犯罪是一种特殊环境下的新型犯罪行为，只有正确认识和掌握网络犯罪的本质及内涵，才能有针对性地制订有效策略惩治网络犯罪行为。

网络交互性是互联网最根本的特性，整个互联网就是建立在自由开放的基础之上的。而网络的交互性一方面大大提高和扩展了犯罪的个体力量，另一方面又削弱了国家和政府的力量，使国家和政府在获取和控制信息方面不再有任何优势可言，这就使得国家难以有效地威慑和控制犯罪，从而导致犯罪率的上升，人们甚至可以轻易地从网络得到色情图片、黑客教程、信用卡密码破解程序、制造炸弹甚至核武器的方法。

犯罪的主要表现形式有：

网上盗窃

网上盗窃案件以两类居多：一类发生在银行等金融系统，一类发生在邮电通信领域。前者的主要手段表现为通过计算机指令将他人账户上的存款转移到虚开的账户上，或通过计算机网络对一家公司的计算机下达指令，要求将现金支付给实际上并不存在的另一家公司，从而窃取现金。在邮电通信领域，网络犯罪以盗码并机犯罪活动最为突出。

网上诈骗

网上诈骗是指通过伪造信用卡、制作假票据、窜改电脑程序等手段来欺骗和诈取财物的犯罪行为。

网络犯罪是随着计算机网络信息技术的发展而发展的一种新型犯罪，他的复杂程度高于以往的任何类型的犯罪。要想控制网络犯罪的恶性发展单靠立法是不行的，还应当在立法的同时加强以技术治网、以德治网并加大法制方面的教育，提高网民的素质，自觉地遵守有关网络规则，不做违法的事情，不断推动网民自律，形成网民治网的有机体系。才能从根本上制止网络犯罪，建设好符合社会主义精神文明的网络。

链　接

网络警察

"网络警察"是人们对公安局网监处干警们的习惯性称谓。网络警察的职责就是打击各种各样的网络犯罪活动，这些不法行为可能只是借助于网络作为工具，也可能就是将网络作为直接的攻击目标。侦破网络犯罪过程，要在浩如烟海却也可能是瞬间即无的网络信息中使用域名挟持、关键词过滤、网络嗅探、网关IP封锁、电子数据取证等技术甄别和获取有关线索和情报。除此之外，管理和监控公共信息传播、参与互联网有害信息专项治理、协调相关部门处理不法网站、删除不良信息、维护网络安全、加强公安系统科技建设等也是网络警察日常工作的重要部分。

网络上不死的癌症
——计算机病毒

21世纪的网络生活中，也有一种"毒"与人们频繁打着交道，那就是计算机病毒。这种"毒"比金庸"大侠"小说中的程灵素小姐的"毒"有过之而无不及，更是经常的神不知鬼不觉、无孔不入地偷袭着人们日渐疲惫与衰弱的神经。所谓"道高一尺，魔高一丈"，网络世界并非真空，网络系统由于内在的安全脆弱性及外部的进攻，发生事故难以避免，涉及方方面面的安全问题时有发生。

计算机病毒并不是自然存在的，而是有些人利用计算机软件或者硬件所固有的脆弱性，编制的具有特殊功能的一段程序，由于这段程序和生物医学上的病毒有极其相似的特性，同样具有传染性和破坏性，因此被叫作"计算机病毒"，简称"病毒"。从广义的角度来讲，凡是能够引起计算机故障，破坏计算机数据的程序，统称"计算机病毒"。目前计算机病毒、蠕虫、木马或者破坏系统的黑客程序都统一称为"计算机病毒"。当计算机病毒日益受到重视时，国家公安部也发布了官方的计算机病毒的定义：计算机病毒是在计算机程序中插入的破坏计算机功能或者毁坏数据，影响计算机使用，并能自我复制的一种计算机指令或者程序代码。

网络就像一个数字房间,虽然房间里面配备了医生(反病毒技术),但彻底杜绝病毒的方法,还是要堵住房间的老鼠洞(堵漏洞),看好门窗(网关防毒)……可是计算机病毒还会通过其他各种渠道进入房间。正所谓"知己知彼,百战不殆",只有了解病毒,才能分析病毒,最后找到解决的方法。自然界的反病毒法则,无一逃脱这一规律。那么,在未来的网络时代,计算机病毒会有哪些演变?人们被越来越多、花样翻新的电脑病毒所困扰。说不定哪天就有来无影、去无踪的网络"黑客"潜伏在人们的电脑中,大肆的窃取个人信息、银行账号、存款密码……

当今病毒更加依赖网络,对个人电脑或企事业单位影响最大的是网络蠕虫,或者是符合网络传播特征的木马病毒,其传播方式呈多样化。病毒最早只通过文件拷贝传播,随着网络的发展,目前病毒可通过各种途径进行传播:有通过邮件传播的,如求职信;有通过网页传播的,如欢乐时光;有通过局域网传播的,如FUNLOVE;有通过QQ传播的,如QQ木马、QQ尾巴;有通过MSN传播的,如MSN射手……可以说,目前网络中存在的所有方便快捷的通信方式中,都已出现了相应的病毒。这些病毒一个共同的特点是病毒变种的编写极其容易,因此瞬间会出现多种"秘而不宣"的变种,导致传统的杀毒软件无法及时查杀变种。为了改变这种被动的局面,就要使用应用化的防毒技术来对付,即从应用的角度考虑,对一些特定的应用型软件产品如网络游戏、QQ等进行专门分析,找出安全侵入点,然后用监控的方式将这些侵入点保护起来,只要有程序非法侵入这些软件就会被主动拒绝,而不管它是不是反病毒软件能识别的病毒。

反病毒,如何打好网络保卫战

在网络的年代,网络正在改变着人们的工作、生活、学习、娱乐，人们通过网络进行商务往来、在网上购物、上网、上课、玩网络游戏等等，网络已经完全渗入到人们的一切活动之中。然而，这个人们每天都在使用的网络安全吗？人们通过网络进行的电子商务交易、商务往来，在即时通信工具上与朋友所聊的私密信息以及所有网络通行证的账户、密码等等，它们是否都处在一个安全的保护之中呢？很遗憾，答案是否定的。病毒、黑客、木马就如梦魇一样萦绕在计算机用户的心头。应该怎么办呢？束手就擒吗？当然不是，与其亡羊补牢，不如未雨绸缪。

链　接

计算机感染病毒的主要途径

　　病毒通过不可移动的计算机硬件设备进行传播，这些设备通常有计算机的专用ASIC芯片和硬盘等。这种病毒虽然极少，但破坏力却极强，目前尚没有较好的检测手段对付。

　　通过移动存储设备来传播，这些设备包括软盘、磁盘等。在移动存储设备中，移动存储设备是使用最广泛，移动最频繁的存储介质，因此也成了计算机病毒寄生的"温床"。目前，大多数计算机都是通过这类途径感染病毒的。

　　通过计算机网络进行传播。现代信息技术的巨大进步已使空间距离不再遥远，"相隔天涯，如在咫尺"，但也为计算机病毒的传播提供了新的"高速公路"。计算机病毒可以附着在正常文件中通过网络进入一个又一个系统感染病毒。现在国内计算机感染一种"进口"病毒已不再是什么大惊小怪的事，在进入信息国际化的同时，互联网上的病毒也在国际化。

通过点对点通信系统和无线通道传播。目前，这种传播途径还不是十分广泛，但预计在未来的信息时代，这种途径会与网络传播途径成为病毒扩散的两大"时尚渠道"。

预防病毒的注意事项

★备好启动光盘

检查电脑的任何问题，或者是解毒，最好在没有病毒干扰的环境下进行，才能完整测出真正的原因，或是彻底阻断病毒的入侵。因此，在安装系统之后，应该及时做一张启动盘，以备不时之需。

★重要资料，必须备份

资料是最重要的，程序损坏了可重新复制，甚至再买一份，但是自己键入的资料，可能是3年的会计资料，可能是画了3个月的图片，结果某一天，硬盘坏了或者因为病毒而损坏了资料，会让人欲哭无泪，所以对于重要资料经常备份是绝对必要的。

★尽量避免在无防毒软件的机器上使用可移动储存介质

一般人都以为不要使用别人的磁盘，即可防毒，但是不要随便使用别人的电脑也是非常重要的，否则有可能带一大堆病毒回家。使用新软件时，先用扫毒程序检查，也可减少中毒机会。

★主动检查，可以过滤大部分的病毒

★准备一份具有查毒、防毒、解毒及重要功能的软件，将有助于杜绝病毒

★重建硬盘是有可能的，救回的几率相当高。

若硬盘资料已遭到破坏，不必急着格式化，因病毒不可能在短时间内，将全部硬盘资料破坏，故可利用灾后重建的解毒程序，加以分析，重建受损状态。

★不要在互联网上随意下载软件

病毒的一大传播途径，就是Internet。潜伏在网络上的各种可下载程序中，如果你随意下载、随意打开，对于制造病毒者来说，那就是再好不过的了。因此，不要贪图免费软件，如果实在需要，请在下载后执行杀毒，查毒后再使用下载程序。

★不要轻易打开电子邮件的附件

近年来造成大规模破坏的许多病毒，都是通过电子邮件传播的。不要以为只打开熟人发送的附件就一定保险，有的病毒会自动检查受害人电脑上的通讯录并向其中的所有地址自动发送带毒文件。最妥当的做法，是先将附件保存下来，不要打开，先用查毒软件彻底检查后再打开。

大事小情全知道
——门户网站

互联网的领地就像一个大城堡，要进入这个城堡，就要先查看设在它门口的问讯处、导航图，这样所有进入城堡的人都看得到、用得着。在网络上门户网站早已成为大多数人进入互联网的首选第一站。

网络门户(Portal)，是指通向某类综合性互联网信息资源并提供有关信息服务的应用系统。通常是指集合了多样化内容和服务的站点，像大型黄页电话、地址簿，把大量其他网站分门别类，让上网者很容易找到想要的网站，门户网站的意思就是进入互联网的入口，只要通过这个网站就可以获取你需要的所有信息，或者到达任何你想要到达的网站。其主要目的是希望成为网民浏览的起始页面和进入互联网的大门通道。网络门户，一方面能大部分地满足网友对信息和服务的需求，另一方面又能给网站经营带来滚滚财源。

门户网站最初提供搜索引擎和网络接入服务，早期门户模式非常单纯：成为互联网大门。网民进门敲几个字母，找到要去的最终目的地，然后就远走高飞。后来由于市场竞争日益激烈，门户网站不得不快速地拓展各种新的业务类型，希望通过门类众多的业务来吸引和留住互联网用户，以至于到后来门户网站的业务包罗万象，成为网络世界的"百货商场"或"网络超市"。从现在的情况来看，门户网站主要提供新闻、搜索引擎、网络接入、聊天室、电子公告牌（BBS）、免费邮箱、电子商务、地图、股票价格、天气、新闻、娱乐、网络社区、网络游戏、免费网页空间等等。门户发展到现在，同创建人的初衷已经发生了巨大变化。今天人们仍然称上述网站是门户，但实际上，它们中没有谁还想当互联网南来北去的大门。它们要网民常驻，一门关进，进门后就不要再出来。

多年来的网络媒体发展史几乎就是一部门户网站的发展史，从美国的雅虎到中国的新浪、搜狐和网易，它们的每一个动作或多或少都对这个行业产生影响。不仅如此，这场争论还通过门户网站的模式更深入地触及整个网络媒体模式，为网络媒体的模式创新打开思路。实际上，人们今天所谈论的门户与当初Yahoo初创建时所说的门户已经有了很大的不同。那个时候，大多数网民面对茫茫网海无从下手，正是Yahoo这种以提供搜索服务为主的网站扮演了引网民"入门"的角色，成为网民进入互联网的"门户"。

政府门户网站

政府门户网站，是在各政府部门的信息化建设基础之上，建立起跨部门的、综合的业务应用系统，使公民、企业与政府工作人员都能快速便捷地接入相关政府部门的业务应用、组织内容与信息，并获得个性化的服务，并遵循"精简、统一、效能"的原则，转变政府职能，建立行为规范、运转协调、公正透明、廉洁高效的行政管理体制。政府网站将继续扮演推动电子政务前进的主动力角色，客户关系管理思想将成为政府网站建设的主要引导理念，政府网站应用层次将全面向互动事务处理的高级阶段升级，并且将加强政府服务职能，尤其是增加对企业和经济发展的服务力度。政府门户网站不仅是政务信息发布和业务处理平台，也是知识加工平台、知识决策平台、知识获取平台的集成，使政府各部门办公人员之间的信息共享和交流更加通畅，通过数据挖掘、加工而使零散的信息成为知识，使相关人员能够在恰当的时间使用恰当的知识，为行政决策提供充分的信息支持。

链　接

三大门户网站

★新浪（www.sina.com）

　　新浪网公司成立于1998年底，其前身是四通利方信息技术有限公司和华渊资讯公司。两家公司于1998年12月1日宣布合并，成立新浪网络公司并推出同名的中文网站。目前新浪网共有北美新浪、北京新浪、台北新浪、香港新浪4个中文分站和1个英文分站。目前北京新浪网分新闻中心、搜索引擎、财经纵横、网上交流、生活空间、竞技风暴、游戏世界、科技时代等多个栏目。

★网易（www.163.com）

　　网易公司于1997年6月创立，前身是网易创始人丁磊所制作的一个个人社区论坛。网易是深受广大网民欢迎的门户网站，其论坛和聊天室一直保持有非常高的访问量，曾两次被中国互联网络信息中心（CNNIC）评选为中国十佳网站。目前拥有注册用户3000万以上，在开发互联网应用、服务技术方面，网易取得了中国互联网业的多项领先地位。目前网易共具有18个各具特色的网上内容频道，为用户提供国内国际时事、财经报道、生活资讯、流行时尚、影视动态、环保话题、体坛赛事等信息，此外还有42种免费电子杂志和个人主页空间以及个人域名服务。

★ 搜狐 （www.sohu.com）

搜狐公司成立于1996年8月，是由公司创办人张朝阳在美国依靠MIT媒体实验室主任尼葛洛庞帝先生和美国风险投资专家爱德华·罗伯特先生的风险投资的支持下创办的，之后又得到包括美国英特尔公司、道琼斯公司、晨兴公司、IDG公司、盈科动力、联想等公司投资。2000年9月14日，搜狐又收购了另一大型网站ChinaRen。搜狐原先是国内一家大型分类查询搜索引擎，经过十几年的发展已成为受到用户喜爱的综合门户站点之一。在发展查询搜索引擎的基础上，搜狐推出了新闻、体育、工商财经、手机短信、汽车、房产家居、娱乐、生活、健康、教育、求职、IT、女人、游戏等内容频道，还推出了购物、免费邮件、聊天室、留言板和搜狐商场等服务项目，为广大网民提供了信息源和网上交流的场所。

网络生活新宠儿
——手机网络

如今，除了常规的通信工具之外，手机还被越来越多的人作为生活引擎，听音乐、看电影、拍照片、浏览新闻、处理电子邮件……

手机上网(WAP)无线应用协议是一个开放式的标准协议，可以把网络上的信息传送到移动电话或其他无线通信终端上，用户可以随时随地利用无线通信终端来获取互联网上的即时信息或公司网站的资料，真正实现无线上网，手机上网是移动互联网的一种体现形式，是传统电脑上网的延伸和补充，如今3G网络的开通，使得手机上网开始正式进入人们的生活。

中国互联网网络信息中心(CNNIC)在北京发布了《中国手机上网行为研究报告》，报告显示，截至2008年底，中国手机用户已经超过6.4亿，而通过手机上网的用户数量已超过1.176亿，使用手机上网的网民中，18~24岁年龄段网民最多，占56.1%，30岁及以下年龄段群体则占到了86%，用户上网的频率正在稳步提高，每天多次使用手机上网的用户占到了34%，这一趋势将长期维持，形成更高的移动互联网使用率。通过手机上网成为年轻网民的选择。

人们不能保证身边总是有电脑，手机的重要性就凸显出来，在公共汽车上、餐馆中、飞机候机厅里、草地和沙滩上……甚至在街上走累的时候，利用自己的手机就可以享受无线上网服务——浏览新闻、收发邮件、找工作、在线游戏和音乐等等，这在以前无法想象，如今却已成为现实。随着无线互联网的发展与普及，无线互联网正在全球范围从各个层面改变着人们的生活方式。现在只要一个小小手机，就能让你随时享受这样的网络服务，一个技术奇迹，也造就了一个对新技术充满好奇的"拇指一族"。

手机现在对很多人来讲，已不仅仅是一件通信工具了。出门的时候，手机是地图；逛街的时候，手机又可以随时查询网上最低价格。即使出差坐十几个小时的火车，也不觉得无聊，因为可以使用手机看完两部电子小说，还可以查收并回复所有的邮件，利用这段时间看看新闻、和朋友QQ聊天……由于手机的随身、随时、便捷、不受环境约束等特点，不但给人们的工作、学习、娱乐生活带来丰富多彩的资讯内容；同时，功能强大的无线搜索也成为随时随地的信息服务好帮手，不可否认，无线网络已经成为一种全新、时尚的生活方式。

手机已经在不知不觉中成为了人们生活的一部分，也许已无法想象没有手机的日子该怎么度过，而随着手机报、大量WAP网站的出现，用手机上网寻找资讯已经渐渐成了人们便捷的信息索取方式。手机作为随身携带的沟通工具，其上网方便程度的确比电脑"有过之而无不及"，现在手机网站内容越来越丰富，无线上网技术已经不是问题，除了原先专门做无线互联网的企业如3G门户、空中网外，越来越多的传统互联网企业把内容搬到手机上，比如新浪、搜狐、百度等，这进一步加速了传统互联网和无线互联网的相互融合。而且随着网速加快，手机随时随地随身的特性会让用户上网更方便简单，包括运营商在内的这个行业链上的企业都会努力提升自己网站的用户体验，来吸引更多的用户进手机无线互联网。

这是一个移动的时代，人们无时无刻不奔波在路上中国的网民以直线的速度增长着，随着无线互联网应用的加强和各类功能的日益完善，手机随时随地上网已成为时尚，新闻、资讯对人们来说更加的了如"指"掌。

3G牌照发放让手机生活更精彩

很多人认为，电脑主要用来工作，而手机是用来上网娱乐，特别对年轻人来讲持这种观点的人越来越多，这和手机上网方便、快捷有关。有专家预计未来几年无线互联网将迎来爆发式地增长，手机上网速度将大大提高，手机上网资费有可能大幅度下降，一些新的经济模式和增长点也将应运而生，无线互联网更深层次的应用将在未来逐渐凸显，比如手机收发邮件、交水电煤气的费用等等。

链 接

娱乐应用占据上网主流

据CNNIC报告统计，移动互联网应用产品中，应用率最高的依然为即时通信类，如手机MSN、手机QQ等，占整体的31.2%。娱乐应用依然是移动互联网用户选择的主流。手机音乐保持着较高的应用率，活跃用户约660万。手机电视、手机博客等活跃用户数量约250万。商务与学习类的产品，正在快速发展，特别是手机WAP邮箱业务，活跃用户总量已达到480万，而交友社区类产品则在2008年也取得了显著的市场突破。

书香"无线"香飘万里
——网络书店

种类齐全，价格实惠，鼠标轻轻一点，心仪的图书便会送上门来，仿佛一夜之间，网上购书开始成为潮流。以当当网和卓越网为代表的中国网络书店以星火燎原之势聚拢了越来越庞大的客户群，并结结实实地改变了人们的购书习惯。

金融危机让很多行业遭受重创之时成全了网络书店。但金融危机却为网购带来了一次井喷的契机，经济寒冬虽然让很多人捂紧了钱袋子，但确让大家的注意力转移至网上购物这片价格洼地。

网上书店，是网站式的书店，是一种高质量的，更快捷、更方便的购书方式。网上书店不仅可用于图书的在线销售，也有音碟、影碟等商品在线销售。而且网站式的书店对图书的管理与传统书店相比更加合理化、信息化。售书的同时还具有对书籍类商品管理、购物车管理、订单管理、会员管理等功能，网站的内容非常丰富，而且灵活多变，别具特色的购物管理模式深深地吸引着网上消费者。

网络售书星火燎原

说起网上购书，相信这已经成为不少人的购书习惯。网络书店有着天然经营优势，它不受实物陈列空间的限制，提供了比实物书店更多的折扣，而且丰富多样的书籍远胜于实体书店。通过电子支付、送货上门的服务，足不出户就能饱览天下群书，而且在网上书店买书，可以查到图书的更多信息，它有独特的售书方式和功能。如用户注册会员功能，会员类型有：普通会员、钻石会员等。有的网上书店有会员积分设置，如达到一定积分会自动成为高级会员或钻石会员，有更多的优惠和特别的服务。

如今的网络书店，就像新华书店在传统书店上的地位难以撼动一样，在网络图书市场里，要想改变用户在当当、卓越的购书习惯并不是件容易的事。首先，国内以当当为代表的网络书店从1999年开始就已出现。经过多年的发展，它们逐步积累了大量的用户，根据艾瑞咨询的数据显示，B2C网站中，卓越、当当覆盖用户规模始终排名前列，而且从2006年开始，当当和卓越每年的销售额均实现100%以上的增速。特别是对那些喜欢网购图书的用户来说早已形成习惯。2008年以中华书局的销售额为例，仅当当网、卓越网两家，就占到全年销售总额的12.3%，这一数字比2007年翻了一番还多。在人民文学出版社2008年的销售额中，当当网和卓越网将占到8%~10%，而在2003年，这一数字仅为6%。

网络书店的崛起，不仅对传统书店造成冲击，同时也刺激出了新的发展战略。从网络书店中学习经营之道，不失为传统书店求新、求变的发展之新途径。面对网络书店的冲击，一些传统书店用营造文化氛围、开设特色服务聚拢了一大群稳定的客户。有的书店还不定期地举办文化讲座，邀请读者参加；有的则别出心裁地在书店里开设咖啡吧或者茶厅，为读者提供温馨的读书环境；不少书店还积极举办联合书展或者书市，以规模化的海量图书，吸引各方读者前来选购。

链　接

当当网VS卓越网

★当当网：http://www.dangdang.com/

当当网上书店成立于1999年11月，是全球最大的中文网上书店。当当由美国IDG集团、卢森堡剑桥集团、日本软库和中国科文公司共同投资。面向全世界中文读者提供30多万种中文图书及超过1万种的音像商品。目前是全球最大的中文网上图书音像商城，每天为成千上万的消费者提供方便、快捷的服务，给网上购物者带来极大的方便和实惠。当当网的使命是销售世界上最全的中文图书。使所有中文读者获得启迪，得到教育，享受娱乐！

★卓越网：http://www.amazon.cn/

卓越网成立于2000年5月，现在是中国最大的网上书籍与音像零售商之一，同时也在网上销售软件、化妆品及礼品、玩具等。2000年1月由金山公司分拆，国内IT企业金山和联想共同投资组建。2000年5月，作为综合电子商务网站正式发布，以"精选品种、全场库存、快捷配送"为主要的经营模式。2007年6月5日，卓越网公告显示，公司已正式更名为"卓越亚马逊"。

足不出户逛商店
——网上购物

随着网络经济时代的到来，互联网时代用特殊交易的方式吸引着越来越多的消费者，网络购物仿佛一夜之间走进了大众的生活，购物习惯的转变可以说是毫无征兆的，每个人都在自觉与不自觉中享用着网络消费，享受着网络带来的便捷、随心所欲。

当消费者点击鼠标，自在地游走于网上商店，挑选自己喜欢的商品时，大多数人觉得这个过程让自己轻松、愉悦。于是渐渐地摸索出另一条购物的途径，看看各地特色美食、新潮服饰……网上购物简单地说就是把传统的商店直接"搬"回家，利用Internet直接购买自己需要的商品，只要轻松的点击鼠标，货物就能送上门，免除了消费者购物奔波之苦。

对于消费者来说，网络购物的交易成本较传统商业大为降低，消费者可以在最短的时间内选择出自己满意的商品，且省了生产商到零售商这些中间环节。现实生活中因为地区差异等原因，很多东西会经过多道销售环节，这样成本被一步步升高，价格也相对变高。有的人厌烦了现实中的推销，网络购物的主动性、自由性让很多人非常倾心。网络上的卖家很多都有各自的渠道和价格优势，加上网络平台提供给卖家的竞争模式，价格相比是低很多的，好多都是厂方直接在销售。商品价格通常大大低于市场价，成为吸引消费者的先天优势。

对于商家来说，由于网上销售没有库存压力，经营成本低，经营规模不受场地限制，网络商店把商场和消费者直接沟通起来，省去了中间环节。在将来还会有更多的企业选择网上销售，通过互联网对市场信息的及时反馈，及时地调整经营战略，以此提高企业的经济效益和参与国际竞争的能力。而对于整个市场经济来说，这种新型的购物模式也可在更大的范围、更多的层面以更高的效率实现资源配置。

很多消费者对网络购物还存在一些顾虑，比如，不信任网站、担心商品质量、质疑网络安全性；担心售后服务；付款环节；商品配送等等问题。现在影响网民购物发展的绊脚石也正被逐步打破，以前网络购物平台的不健全让很多人在网络上上当受骗，现在各大购物网站都推出了自己的支付方式——第三方网上支付工具，很多人渐渐地变得非常乐观。比如，淘宝网的支付宝，拍拍的财付通，都可以减少网络购物的风险，让买家和卖家得以公平交易，诚信交易。买家先拍下想要买的东西付款到支付平台，由支付平台代收，等到买家确认收货并无争议后，卖家才能拿到这笔钱，如果买家认为收到的商品和自己定的商品不相符时，可以进行投诉，支付平台也会根据公平、公正的原则来裁定。整个电子商务环境中的交易可信度、物流配送和支付等方面的瓶颈已逐渐消失。

网络购物就像"淘宝"这个名字一样，许多东西要靠自己在网络中去寻找发掘，它正逐渐成为当今消费的主流，深入人心，"今天，你淘了吗？"已成为人们的口头禅。大家纷纷庆幸自己找到了"网络购物"这种方便又省钱的购物模式。淘宝、易趣、拍拍网等网购门户也成为了时下的大热门，网购更成为了当今人们茶余饭后的时尚话题，大家常常一起"晒"宝，分享经验与心得。很多人都是尝试过网络购物后，就马上被这种快捷的购物方式所吸引，欣喜之余，还把"网络购物"的优势告诉周围更多的人，并成为网络购物的铁杆消费者，尝到甜头之后，就成了一颗毒药，一发不可收拾，大到千元以上的数码相机，小到一两块钱的小陶瓷摆设和零食，无所不有、无所不买。但是网上的东西看来比较诱人，很便宜，东西排列在眼前，很难不心动，有时候往往买回来又很难利用，很多网虫看着看着就买，这样就会导致网上冲动消费。面对如此不一样的"逛街"方式，与其说网络冲击了传统的消费市场，不如说网络改变了人们的购物习惯，人们也同样以个性的方式，改变着网络的生活。

链　接

网上购物经验谈

在网上购物最怕的就是遇到黑心卖家或被骗钱财，那么在网购时就需要注意以下几点：

首先要在一些知名的大型购物网站上选择商品，卖家的联系方式都有，要针对你所需要的产品进行咨询，一定要问清楚后再决定是否购买，千万不要自己想当然的认为差不多。决定买之后最好是通过支付宝之类的软件，这样能保护买家利益。初次网购，最好不要从银行直接汇款，还有就是要注意保存图片或是聊天资料等证据，以免日后有问题处理起来麻烦。

其次是找信誉好的卖家，多看看他所得的那些好评是否为他所售的同类商品，防止信誉是通过炒作或是其他不正当手段获得来的。

然后就是选择物流方式，这是为了计算运费。如果是快递，就一定要问清楚卖家发货的单号，方便自己查询物品的邮寄速度，视不同的快递公司而定，一般1~3天会到，如果在快递网站上查不到相关信息或是超过5天没有收到货物，就必须和卖家联系，如果联系不上，或者没有给明确答复的，请千万记住！一定要申请退款，因为一般卖家在网上填写发货单后，在一定时间内会自动确认收货的，等自动收货后处理起来就会很麻烦。

最后，收到货时不要急于签收，一定要当面开包检查一下是否与卖家说的产品一致，是否有破损等，但有的快递公司必须先签字再开包。如果出现货不对版要采取拒收方式，当然这都是针对不愉快的网上购物，最后别忘记及时确认收货，并给辛苦的卖家一个好评，写出真实的购物评价，帮助其他购物者做出理性判断。

看不到钱的银行
——网上银行

　　5年前在中国，使用网上银行还是很时尚的事情，而5年后的今天，网上购物、网上转账等已经走进了寻常百姓家的生活，这些便利绝对离不开网上银行的功劳。

　　网上银行又称网络银行、在线银行，通过Internet向客户提供开户、销户、查询、对账、行内转账、跨行转账、信贷、网上证券、投资理财等传统服务项目，使客户可以足不出户就能够安全便捷地管理活期和定期存款、支票、信用卡及个人投资等。可以说，网上银行是在Internet上的虚拟银行柜台。网上银行利用网络技术为客户提供综合、统一、安全、实时的银行服务，包括提供对私、对公的各种零售和批发的全方位银行业务，还可以为客户提供跨国的支付与清算等其他的贸易、非贸易的银行业务服务。

　　对于客户来说，使用网上银行可以不受时间和空间的限制，只要能上网，就可以享受银行的服务，大大节约了客户的时间和精力。网上银行又被称为"3A银行"，因为它不受时间、空间限制，能够在任何时间(Anytime)、任何地点(Anywhere)、以任何方式(Anyhow)为客户提供金融服务。

　　网上银行与传统银行相比具有明显的优势。网上银行可以大大节省客户的交通、等待时间，减少银行服务的中间环节，可以大范围、全天候地提供各项服务，具有很强的交互性，更方便客户操作，客户使用浏览器进行浏览，可以实现有声有色、图文并茂的客户服务，易懂的客户界面，也会使客户的操作变得非常简单；网上银行提供的服务更加标准、规范，可避免由于柜台服务人员业务水平的差异及个人情绪的影响所造成的不愉快；网上银行还能够提供比电话银行、ATM更灵活、生动、多样的服务。

网上银行，方便大家

目前，我国个人网上银行发展迅速，功能日趋完善，网上银行的主要功能有5项：在线缴费、账户信息查询和维护、投资理财、账户管理、账户转账。

在线缴费主要指水、电、煤气和电话费的缴纳，以及手机卡充值等，许多银行还推出了代缴学费、委托代扣等多项业务。缴费时，用户只要登录网上银行的在线缴费系统，输入水、电、煤气、电话费单的条形码数字，选择资金划出账号即可进行缴纳。手机充值同样是在线缴费的一项重要功能，一些网银的手机充值是没有最低限制的，更适合学生族等资金较紧张的人群使用。这种代缴费业务，不光是在登录时间上完全自主，更是对精力和时间的极大节约。

账户信息查询和维护是网银的另一项基本功能。目前，多家银行的网银都能清晰列出个人用户项下的账户余额情况，账户的近期消费情况等；密码挂失、密码修改、账户挂失等账户维护，都可通过网银进行。

投资理财是指在网上通过银行进行银证转账、银证通、购买基金、购买债券，甚至购买保险等业务。目前大部分商业银行都开通了上述业务，客户在其柜台开设相应账户并进行网上银行签约注册后即可进行买卖。

账户管理指的是银行账户之间的划转、合并、活期转定期等常规管理业务，也是人们习惯在银行排队办理的业务。现在，几乎所有银行的网银系统都具有查询、活转定、定转活、定转定、信用卡划转还款、添加子账户等业务，这些业务用户都能轻松地自助完成。

账户转账包括行内同地汇款以及异地汇款。比如，在外工作的子女给父母汇款等，通过这项功能就可轻松实现。只要父母在家乡开设一个与子女同一家银行的账户，无论他们是不是网银用户，都可以收到子女汇款。以建设银行为例，在建行网点申请成为建行网银的签约客户之后，用户可以得到一个证书号以及自己设置的密码，登录建行网上银行专业版，用户会被带入账户管理系统，选择"网上速汇通"，就可以进入网上汇款的页面。

企业网银快捷实用

网上银行个人版因为其贴近生活而进入寻常百姓家，对于企业客户，各商业银行也为他们量身定做了企业网上银行。企业银行服务是网上银行服务中最重要的部分之一。其服务品种比个人客户的服务品种更多，也更为复杂，对相关技术的要求也更高，所以能够为企业提供网上银行服务也是商业银行实力的象征之一，企业网上银行主要有查询服务、转账服务、集团服务、财务管理、理财服务、互动服务、个性配置等功能。

账户管理功能是指客户通过网上银行进行账户信息查询、下载、维护等一系列账户服务。无论是集团企业还是中小企业，都可以随时查看总公司及分公司的各类账户的余额及明细，实时掌握和监控企业内部资金情况；还可以通过"电子回单"功能在线自助查询或打印往来户的电子补充回单。

通过收款和付款业务，客户可通过网银主动收取签约个人或者其他已授权企业用户的各类应缴费用，还可以进行网上汇款、证券登记公司资金清算、电子商务和外汇汇款。比如，当集团总公司要向分公司收取调拨资金时就可以使用集团理财功能，集团企业总公司可直接从注册的所有分公司账户主动将资金上收或下拨到集团企业任一注册账户中，而不必事先通知其分公司。

贷款业务是向企业网上银行注册客户提供贷款查询的功能，包括主账户利随本清和借据账的查询等子功能。通过该业务，客户足不出户就能准确、及时、全面地了解总的贷款情况，并提供贷款金额、贷款余额、起息日期、到期日期、利息等比较详细的贷款信息，为企业财务预算决策提供数据。

安全性能不成问题

许多人对网上银行有一种天然的"敌意"，或担心风险，或不愿尝试。事实上，个人网上银行安全使用问题对用户至关重要。有不少人在办理个人网上银行时，也都会多少有一些顾虑或担心。以工行为例，2003年，工行率先在国内推出了基于智能芯片加密的物理数字证书U盾，并获得国家专利。U盾相当于给网上银行加了一道锁，一旦把自己在银行的账户纳入此证书管理，在网上银行办理转账汇款、B2C支付等业务都必须启用客户证书进行验证，而客户证书是唯一的、不可复制的，任何人都无法利用你的身份信息和账户信息通过互联网盗取资金。U盾以其安全级别高、增值服务丰富的特点被世界上公认为目前网上银行客户端级别最高的一种安全工具。

决胜于千里之外
——网络炒股

随着互联网的繁荣，网上金融证券信息与服务日益丰富，众多的股票信息网站也纷纷出现，这无疑为百姓炒股打开了又一道方便之门。

网上炒股是继电话委托、可视电视委托后推出的又一先进的远程委托方式。所谓网上炒股是网上开展的证券交易，就是指证券商通过数据专线将证券交易所的股市行情和信息资料，实时地发送到互联网上，投资者将自己的电脑连接到互联网上，查看股市的实时行情，分析个股，查阅上市公司资料和其他信息，并且能够在网上实现股票的买卖。

股市行情是国家经济发展的晴雨表，曾几何时人们每天坐在家里电视机前，一张证券报，加上一个收音机，从电视、电台和报纸上了解股市行情，听着股评专家的推荐，再通过电话委托进行股票交易，在网络发达的今天看上去这似乎略显笨拙。而且网民中大部分还是"上班族"，因为上班时不方便出去查看行情，更不便委托交易，错过最好的买卖时机是常有的事。高速网络时代的到来，让许多传统的生活方式融入了网络，炒股作为百姓应用最广的金融投资方式也搭上网络时代的快车，并逐渐风靡起来，从1997年广东省首推网上炒股开始，网上炒股就被网民迅速地推广和接受。

传统的证券交易方式主要有柜台委托下单、自助委托下单、电话委托下单等。以上交易方式各有优点和不足之处。如柜台委托和自助委托可以提供直观的交易界面，但却受到地域的限制，而电话委托虽可以突破地域时空的局限，却又有交易速度相对较慢等不足之处。近年来，网上交易量明显显著上升，问询网上交易知识与正确选择交易商成为投资者的热门话题。网上证券交易作为证券交易方式的新宠儿，伴随着网络科技日新月异地迅速发展起来。结合其本身的众多优势和特点，网上证券交易对传统证券交易方式和投资者的交易行为，将产生重大的影响。现在很多证券商都开辟了自己的网站，开通网上炒股业务，各家银行也纷纷开辟了银证转账的直线业务。

网上交易的产生，综合了传统交易方式的优点，摒弃了它们的缺点，网上证券交易对投资者来说方便、迅速、安全。首先，网上证券交易彻底地突破了时空的限制，使投资者身处世界任何一个角落都可以方便地通过互联网交易，只要能够连上互联网，在任何一个地方都可以看到所需要的信息。其次，网上证券交易可以为客户提供全面直观的交易界面，使得投资者可以随时查询证券市场行情，获取最新的投资建议，并能及时有效地查阅和筛选出有用的相关资料，而且一些网站还为投资者提供了股市分析的工具软件，可以协助股民进行各种投资分析，有利于投资者制订、安排下一步的投资计划，以此作出理性判断。所以投资者在任何时候打开电脑都可以看到完整的行情走势，既不需要整天联系委托人，也不需要做收盘作业，所有数据都日夜为你准备好。最后，随着券商与银行之间的合作不断地深入开展，网上交易将被赋予如网上资金结算服务、个人投资理财服务、网上经纪人服务等全新的内容。网上炒股势必深入股民，逐步渗入人们的投资生活。

链 接

美国的E-Trade公司

1996年，美国的E-Trade公司最先开始向证券商提供网上交易技术，不久，它又取得了证券经营资格，开始提供网上证券交易服务，在它的带动下，CharlesSchwab(嘉信理财)也加入到竞争中来。CharlesSchwab初期的打算是1年发展25万个客户，谁知在1997年底，它的用户数就已经达到了120万。1998年底，更是突破了500万，其中有200万是活跃的网上投资者。如此大量的用户为CharlesSchwab带来了滚滚的财富。CharlesSchwab从网上获得的投资额占到它获得的所有投资额的三分之一以上，年收入高达二十几亿美元。

虚拟商务得实惠
——电子商务

纵观商务活动乃至整个人类活动的发展，信息技术一直伴随其中。每一次商务活动的进步都伴随着信息技术的进步，信息技术和商务模式在不断地进化中形成了有效的系统融合。

随着互联网的发展，信息全球化日益成为推动经济发展不可忽视的主要力量，凭借这种力量改变人们的通信、工作、生活、娱乐等各个方面，因此互联网的商业应用价值与日俱增，也使得电子商务腾空出世，同样也是电子商务的出现使得互联网更具活力。

电子商务（Electronic Commerce，简称EC），电子商务通常是指在全球各地广泛的商业贸易活动中，在互联网开放的网络环境下，基于浏览器应用，买卖双方在不谋面的情况下进行各种商贸活动，实现消费者的网上购物、商户之间的网上交易和在线电子支付以及各种商务活动、交易活动、金融活动和相关的综合服务活动的一种新型商业运营模式，其目的在于提高商业效率和增加商务便利为目的，而涉及的所有电子信息技术的系统集成。

通过互联网企业不仅实现了与顾客全天候的信息交流，还可以通过虚拟的商业街、商店和其他数字形式向顾客展示、销售产品和服务。这种以网络为媒介的电子商务活动具有与传统商务完全不同的特性，它突破了时间限制、空间阻隔，使上网企业能在任何时候同全世界任何地点的网上顾客进行交易、交流。可以说电子商务是一项低投资、高回报的经营方式，对企业来说，无疑是提升竞争实力的有效途径，蕴含着无限的营销商机。

电子商务涵盖范围很广，一般可分为：

企业对企业的应用系统（B2B）

企业与企业之间通过互联网进行产品、服务及信息的交换。通俗的说法是指进行电子商务交易的供需双方都是商家、企业、公司，他们使用了Internet的技术或各种商务网络平台，完成商务交易的过程。这些过程包括：发布供求信息，订货及确认订货，支付过程及票据的签发、传送和接收，确定配送方案并监控配送过程等。在所有电子商务形式中B2B是最主要的形式。B2B最典型的是中国供应商、阿里巴巴、中国制造网。

企业对消费者的应用系统（B2C）

企业对消费者的电子商务基本等同于电子零售商业，B2C模式是我国最早产生的电子商务模式，以8848网上商城正式运营为标志。即企业通过互联网为消费者提供一个新型的购物环境——网上商店，消费者通过网络在网上购物、在网上支付。这种模式节省了客户和企业的时间和空间，大大提高了交易效率。目前网上已遍布各种类型的商业中心，提供各种商品和服务，主要有鲜花、书籍、计算机等，比如，当当网。

消费者对消费者的应用系统（C2C）

消费者对消费者的应用系统同B2B、B2C一样，都是电子商务的几种模式之一。不同的是C2C是用户与用户之间的交易模式，C2C商务平台就是通过为买卖双方提供一个在线交易平台，使卖方可以主动提供商品上网销售，而买方可以自行选择商品进行竞价、购买。在我国最典型的就是淘宝网。

企业对政府的应用系统(B2G)

企业对政府的应用系统可以覆盖企业、公司与政府组织间的许多事物，包括政府采购、税收、商检、管理规则发布等在内，政府与企业之间的各项事务都可以涵盖在其中。例如，政府的采购清单可以通过互联网发布，公司以电子的方式回应。随着电子商务的发展，这类应用将会迅速增长。政府在这里有两重角色：既是电子商务的使用者，进行购买活动，属商业行为人。又是电子商务的宏观管理者，对电子商务起着扶持和规范的作用。在发达国家，发展电子商务往往主要依靠私营企业的参与和投资，政府只起引导作用。与发达国家相比，发展中国家企业规模偏小，信息技术落后，债务偿还能力低，政府的参与有助于引进技术、扩大企业规模和提高企业偿还债务的能力，比如，中国电子口岸。

商家对职业经理人的应用系统（B2M）

B2M是一种全新的电子商务模式，所针对的客户群是该企业或者该产品的销售者或者为其工作的人，而不是最终消费者。

企业通过网络平台发布该企业的产品或者服务，职业经理人通过网络获取该企业的产品或者服务信息，并且为该企业提供产品销售或者提供企业服务，企业通过经理人的服务达到销售产品或者获得服务的目的。职业经理人通过为企业提供服务而获取佣金。目前正在逐步完善其管理模式、交易方式等细节问题。

电子商务真正的目的是双方不曾谋面从而以低成本的电子通信方式成功从事各种商贸活动。与传统模式是不同的，电子商务是网络技术应用的全新发展方向。互联网本身所具有的开放性、全球性、低成本、高效率的特点，也成为电子商务的内在特征，并使得电子商务大大超越了作为一种新的贸易形式所具有的价值，它不仅会改变企业本身的生产、经营、管理活动，而且将影响到整个社会的经济运行与结构。

链　接

电子商务优点多

★电子商务将传统的商务流程电子化、数字化，一方面以电子流代替了实物流，可以大量减少人力、物力，降低成本；另一方面突破了时间和空间的限制，使得交易活动可以在任何时间、任何地点进行，从而大大提高了效率。

★电子商务所具有的开放性和全球性的特点，为企业创造了更多的贸易机会。

★电子商务使企业可以以最低的成本进入全球电子化市场，使得中小企业有可能拥有和大企业一样的信息资源，提高中小企业的竞争能力。

★电子商务重新定义了传统的流通模式，减少中间环节，使得生产者和消费者的直接交易成为可能，从而在一定程度上改变了整个社会经济运行的方式。

★电子商务一方面破除了时空的壁垒，另一方面又提供了丰富的信息资源，为各种社会经济要素的重新组合提供了更多的可能，这将影响到社会的经济布局和结构。

网上政府效率高
——电子政务

信息化作为一种发展趋势和解决问题的手段已经被各级政府所认识，各部门对信息化的需求被广泛地调动起来，以政府门户网站、部门内部自动办公系统为代表的电子政务发展也逐渐具备了一定的基础。

电子政务作为电子信息技术与管理的有机结合，已成为当代信息化建设的最重要领域之一。运用计算机、网络和通信等现代信息技术手段，实现政府组织结构和工作流程的优化重组，超越了时间、空间和部门分隔的限制，建成一个精简、高效、廉洁、公平的政府运作模式，以便全方位地向社会提供优质、规范、透明、符合国际水准的管理与服务，向公民提供更加有效的政府服务，改进政府与企业和产业界的关系。通过利用信息更好地履行公民权，以及增加政府管理效能。

伴随着现代计算机、网络通信等技术的发展，电子政务通过政府机构的日常办公、信息收集与发布、公共管理等行政事务，在数字化、网络化的环境下进行国家行政管理。它包含多方面的内容，如政府办公自动化、政府部门间的信息一直共享、政府实时信息发布、各级政府间的远程视频会议、公民网上查询政府信息、电子化民意调查和社会经济统计等。在各国积极倡导的"信息高速公路"的应用领域中,"电子政府"一直被列为第一位,可见政府信息网络化在社会信息网络化中的重要作用。在政府内部,各级领导可以在网上及时了解、指导和监督各部门的工作,并向各部门作出各项指示。这将带来办公模式与行政观念上的一次革命。在政府内部各部门之间可以通过网络实现信息资源的共建和共享,既提高办事效率、质量和标准,又节省政府开支,还能起到反腐倡廉作用。

政府作为国家管理部门能够上网开展电子政务,将有助于政府管理的现代化。在我国,政府部门的职能正从管理型转向管理服务型,承担着大量公众事务的管理和服务工作。各级政府应及时上网,以适应未来信息化社会对政府的需要,提高工作效率和政务透明度,建立起政府与人民群众直接沟通的渠道,为社会提供更广泛、更便捷的信息与服务,实现政府的办公电子化、自动化、网络化。通过互联网这种快捷、经济的通信手段,政府能够让公众迅速了解政府机构的组成、职能和办事章程,以及各项政策法规,增加办事执法的透明度,并自觉地接受公众监督。同时,政府也可以在网上与公众进行信息交流,听取公众的意见与心声,在网上建立起政府与公众之间相互交流的桥梁,为公众与政府部门的业务办理提供便利,并在网上行使对政府的民主监督权利。

在电子政务中,政府机关的各种数据、文件、档案、社会经济数据都以数字形式存贮于网络服务器中,可通过计算机检索机制快速查询、即用即调。如果以纸质存贮,其利用率相对就很低;若以数据库文件存储于计算机中,可以从中随时调用相关数据及有用的知识、信息,服务于政府的工作和决策。

办公手段不同

信息资源的数字化和信息交换的网络化是电子政务与传统政务最显著的区别。传统政务办公模式依赖于纸质文件作为信息传递的介质，办公手段落后，效率低。人们到政府部门办事，要到各管辖部门的所在地，如果涉及不同的部门，更是费时费力。微处理器技术的飞速发展使得电脑不仅进入企业和政府机构，而且还进入了千家万户，这为人类社会进入信息社会奠定了坚实的物质基础。互联网几乎以连年翻番的发展速度在全球推广应用，电子邮件可以在瞬息之间将大量资料发往世界各地。计算机的普及和互联网的广泛应用引发了世界范围的信息革命，一边是个人电脑和其他智能设备进入企业、政府机构和百姓家庭；一边又将全球的信息设备通过互联网互联，使人们可以随时传递、交换和共享各种信息资源，加快了信息交换的速度，提高了信息利用的频率，使信息资源的开发利用渗透到经济和社会生活的各个领域，推动了经济、社会的发展，使人类进入信息时代。

行政业务流程不同

实现行政业务流程的集约化、标准化和高效化是电子政务的核心，是与传统政务的重要区别。传统政务的机构设置是管理层次多，决策与执行层之间信息沟通速度较慢、费用较多、信息失真率较高，往往使行政意志在执行与贯彻的过程中发生不同程度的偏离，从而影响了政府行政职能的有效发挥，也造成了机构臃肿膨胀、行政流程复杂、办事效能降低等不良后果。电子政务的发展使信息传递高效、快捷，使政府扭转机构膨胀的局面成为可能。政府可以根据自身的需要，适度地减少管理层次，拓宽管理幅度，这不但能保证信息传递的高速度，也降低了成本，大大提高信息传递的准确率和利用率，政府还可以使行政流程优化、标准化，使大量常规性、例行性的事务电子化，从而极大地提高政府的行政效率。

与公众沟通方式不同

直接与公众沟通是实施电子政务的目的之一，也是与传统政务的又一重要区别。传统政务容易疏远政府与公众的关系，也容易使中间环节缺乏有力的民主监督，可能导致腐败现象发生。而电子政务的根本意义和最终目标是政府对公众的需求反应更快捷、更直接地为人民服务。政府通过互联网可以让公众迅速了解政府机构的组成、职能、办事章程及各项政策法规，提高办事效率和执法的透明度，促进勤政廉政建设；同时，普通公众也可以在网上与政府官员进行直接信息交流，反映大众呼声，促进政府职能转变。

电子政务的意义在于突破了传统的工业时代"一站式"的政府办公模式，建立了适应网络时代的"一网式""一表式"新模式，开辟了推动社会信息化的新途径，创造了政府实施产业政策的新手段。电子政务对更好地实现社会公共资源共享，提高社会资源的运作效率等方面也不无裨益，市场极具潜力，在未来会有很大的发展空间。

无纸化办公时代
——网络办公

未来学家托夫勒于1980年出版的《第三次浪潮》中做出了一个惊人的预言:"可能在我们的有生之年,最大工厂的办公大楼会人去楼空。"现在,托夫勒的预言在许多国家的工厂中已经变成了现实。

人类的办公环境是人类工作和生活的一个缩影,它像一面镜子映照出人类社会发展演进的过程。计算机、传真机、扫描仪、复印机和打印机等IT产品的出现,为办公方式从人工走向自动化,从纸质走向数字化奠定了物质基础,它改变了千百年来传统的手工办公模式,引发了人类办公环境改善的第一次革命。通过这次办公方式的革命,人类的办公环境得到很大改善。开通无纸化办公、网络办公后,公文处理、行政事项审批、交办事务及工作反馈、信息发布、档案管理、工作事项提醒等将均可以在网上进行,实现了远程办公、信息资源共享等办公便捷方式,大大减轻工作人员工作负荷,降低办公成本,提高办事效率。

信息化浪潮汹涌而来,远程办公已经慢慢地走进了人们的生活,现在只需要一台扫描机和一台能上网的电脑,人们就可以随时与世界各地保持联系，这种相对传统的办公环境而言的一种新办公环境被人们称之为虚拟办公、网上办公或者远程办公，是指通过现代互联网技术，实现非本地办公：在家办公、异地办公、移动办公等远程办公模式。

目前已经有很多企业是通过办公软件解决人员移动办公的问题，这样就可以不受时间、地域限制，只要有网络和电脑的地方，无论何时、何地都可以办公。对这些公司来说，远程办公带来了许多优点，员工可以更灵活地安排工作时间，从而提高他们的工作效率，还能为公司节省交通和办公方面的费用。人们将办公地点转移到家里，工作与休息，饮食与娱乐，全都在自己精心设计的"两栖"居所，网络与科技的飞速发展，无疑促进了工作的新时尚，使人们充分享受信息化社会带来的好处。

在硅谷所在地的加州和其他西部各州，网络办公已成为软件工程师、设计师、创作者等人员的首选工作模式。在美国已有许多科技公司开始配合潮流，对部分工作人员不再硬性规定他们一定要到办公室工作。一份最新的调查报告结果显示，有超过三分之一的美国科技员工愿意接受减薪10%的条件实现在家中办公，从而避免每天用于往返从家到办公室之间的上班费用，减少了频繁奔波之苦。在家远程办公绝不仅仅是看上去很美的海市蜃楼，而将真正成为大多数中小企业可以选择的一种办公模式。不过，传统的管理模式和人们固有的工作习惯有可能会阻碍这种发展。因此，如今企业信息化建设的最大阻力其实是来自企业高层对于信息化建设的理念。

远程办公方式的流行并不是偶然的，它适应了上班族的需求，现代的上班族，承受着巨大压力，不但要做好本职工作，而且还需要不断地充实自己的知识储备量，再加上需要安排家庭生活，照顾家人，而使得越来越多的人希望自己可以弹性工作。可是对于网络办公还是有一定的限制，并不是所有的工作都适合网络办公，它更适合案头工作，而且不需他人督促，就能很好地完成工作的人。虽然这种办公方式也不是所有的工作都适合，但是有一点能够肯定，这必将是大势所趋。当然网络办公的缺点也是显而易见的，那就是孤独以及由此带来的心理压力。

链 接

网络办公为北京奥运创建绿色通道

奥运牵动了亿万中国人民的心，为了保证奥运安全、有序的召开，以及绿色奥运理念的实现，政府、企业、社会各界人士都给予了巨大的支持与帮助，2008年7月13日，北京市政府发布了关于奥运期间保障交通正常运动的通知，包括错开上下班高峰及弹性工作制等等。通知里还特别提到了一个很有诱惑力的词汇，鼓励企业让员工"在家网上办公"。针对奥运举办城市的所有企事业单位，政府提倡企业在不影响工作的情况下，允许员工在家里通过网络来办公，很多企业向员工发出通知，奥运期间的两个月可以移动办公，只需保质、保量完成工作内容，符合考核标准即可。在中国举国上下皆为奥运的时候，可以让办公室的员工"在家网上办公"，为北京奥运期间的交通保障做出了一大贡献。也许，这就是信息化已在平凡百姓中落地生根的表现。

众里寻她千"百度"
——搜索引擎

从古至今，从结绳记事、龟背刻文、竹简木书、绢纸帛画，由口耳相传、家族言教到私塾乡校、书院学堂，知识成本的降低使得更广泛的人群可以学习到更多的知识。而现代的搜索引擎更是部分取代了上千年的纸制书籍担任知识载体角色，成为大众获取知识的最简易渠道，将低成本，甚至接近免费的知识提供给每一个有条件上网的普通人。

《清明上河图》的作者是谁？"解铃还xu系铃人"是"需"还是"须"？"春城无处不飞花"是谁写的名句？烹饪时怎么去除鱼的腥味？……生活和学习的犄角旮旯儿总会不经意地冒出很多问题，怎么也不知道答案，难道真的要抱着书本找个天昏地暗么？如今，这些问题都可以通过搜索引擎高效率的解决，无限信息、答案统统都可以上网找。

搜索引擎(Search Engine)，意思是指信息查找的发动机，它是根据一定的方式，运用特定的计算机程序搜集互联网上的信息和发现信息，再对信息进行理解、提取、组织和处理后，为用户提供检索服务的系统，从而起到信息导航的目的。

爱迪生的电灯点亮了世界，瓦特的蒸汽机引发了工业革命，这些伟大的创造，改变了全人类的生活方式，而搜索引擎，作为互联网里从出生到壮大的传奇，同样谱写着互联网神话。搜索引擎已经改变了最初网民的上网方式，搜索引擎带来的搜索力经济已经成为互联网经济链条中十分重要的一部分。

孔子曰："敏而好学，不耻下问。"但不是每个人身边都有一个"万能"的老师帮你授业传道解惑。但是搜索引擎的出现，解决了这个问题。它像老师一样，耐心地解答你的问题，你可以24小时不间断地向它提问，无论问题多么羞于开口，多么荒唐绝顶，它都能一定程度上帮你排忧解难，它就是搜索引擎。从20世纪60年代开始，一套《十万个为什么》系列丛书家喻户晓、长盛不衰，搜索引擎已然是"十万个为什么"的互联网版，而且能解决的问题早就大大超出了十万个。搜索引擎影响力到底有多么巨大，人们很难准确评估，但一台电脑，一根网线，足不出户就能知晓这个世界正在发生什么，搜索正改变着人们的生活。

长久以来有人指责教育方法中死记硬背是无用的部分，搜索引擎的出现为他们提供了最有力的支持——既然任何公式、定理都可以从搜索引擎上轻松查到，那么人们费十几年工夫记住的那么多东西除了应付考试之外还有什么用处？观点尽管偏激，但起码让人们看到知识低成本化对传统教育方式的冲击，当然，前提是要有网络。中国网民已接近3亿，他们之中谁都可以成为上知天文下知地理的大师，只要"百度一下"。从前人们走向图书馆，一本本翻查某个化学反应中的试剂配比，现在人们坐在家里，点击鼠标，啜口咖啡，结果已经排列在屏幕上等待检阅；从前人们苦背唐诗宋词，记忆锦绣篇章，现在人们坐在家里，点击鼠标，品茗香茶，名句已经在聊天窗口里华丽地闪烁。搜索深刻改变人们的生活和文化特质，很多在过去需要身体力行查找的资料，今天完全可以用10个指头得到答案。互联网以其强大的数据存储量，迅速更新的信息，为搜索引擎的客观存在提供了物质基础与信息支持。据说看完百度收录的所有网页，即使人像机器般不停地看，也需要整整1500年。人类历史上第一次可以在家中面对如此大的信息量，并且合理地利用搜索引擎，可以从茫茫信息海洋中提取需要的信息，这就是搜索引擎带给人们最实在的利益。

互联网将比特化的信息网状集合，而搜索引擎的诞生让这一切杂乱的信息有了简易的摘取方式。于是现在开始出现了一种人群，他们一无所知，却无所不知。聊天时他们可能显得知识浅薄，但工作或学习时，记忆里的知识与搜出来的知识并无二致。试着想象，当任何平凡民众都可以从搜索引擎中找出四库全书某一章的详细内容的时候，那厚重昂贵的精装巨著群也只能黯然退隐，留在图书馆尘封的角落里等待怀旧者偶尔地翻阅。

对于目前很多大学生来说，网上搜索几乎是每天都要做的事情。年轻一代对于搜索引擎的依赖之大，以至于诞生了一个新的词来形容这些人——"搜索引擎一代"，维基百科对此的定义是："他们是经常使用搜索引擎的青少年，他们用Google或者雅虎等搜索工具来帮助自己完成每天的日常生活。"

在网络如此高度融入人们生活的今天，它所带给人们的不仅仅只是娱乐和游戏，它广泛的信息也会带给人们知识和商机。浩瀚网海，人们需要得到想要的东西，通过键入关键信息就可得到丰富的结果，这正是一个搜索引擎的作用。试问当代网民还有哪个不知道百度、Google、雅虎的，有什么问题，不用说，直接去搜索一下就可以了！现在一个简单的搜索引擎，已经发展成为了人们所必须依赖的一种文化，一种网络精神。因为这已经成为人们的生活习惯，人们就像会使用IE浏览器一样要使用搜索引擎来帮助搜索想要的东西，而这习惯来自什么？来自一个搜索引擎有始至终的优质服务所带来的用户信赖。它也改变了人们认识世界的方式，一代人的生活方式也因搜索引擎而改变。

通达网站的"钥匙"
——网络域名

一个企业对域名从注册到使用的全过程是受相应法律保护的，近10年来，我国每年因商标侵权引起的纠纷都非常多，商标的保护意识和其价值的重要性对人们来说越来越强。随着网络的繁荣，域名已被誉为企业的"网上商标"。

没有一家企业不重视自己产品的标识——商标，而域名的重要性和其价值，也已经被全世界的企业所认识。若说起互联网产业的第一轮商标争夺战，当数互联网域名的抢注活动。

所谓域名（Domain name）可以简单地认为是接入 Internet 上的地址，目的是让别人能够访问其网站，通过网址访问方式来实现网站推广的方法。域名的注册遵循先申请先注册原则，每一个域名的注册都是唯一的、不可重复的。因此，在网络上，域名是一种相对有限资源，它的价值将随着注册企业的增多而逐步为人们所重视。域名好比构成网络之家的第一道门槛，有了域名，才能打开通往"家"的那扇门。不论身处何方，只要记住家的地址，就可以随时访问，无须签证，无须预约，更无须客套，随时随地轻松便可破门而入，没有时空的阻隔。

网络域名是连接企业和互联网网址的纽带，像品牌、商标一样具有重要的识别作用,是访问者通达企业网站的"钥匙",是企业在网络上存在的标志,担负着标示站点和导向企业站点的双重作用。域名对于企业开展电子商务具有重要的作用,它被誉为网络时代的"环球商标",一个好的域名会大大增加企业在互联网上的知名度。因此有人说:"好的域名是成就一个好的网站的前提和基础。拥有一个好的域名在互联网上驰骋,推广自我的品牌对于一个公司、组织甚至个人来说都十分重要。"如今的互联网注册域名几乎是以每两秒一个的速度高速增加。人们在现实的生活中取个名字好像不怎么费事情,也不涉及费用问题,顶多翻翻字典、请个文化人出出主意。但在互联网上,能够争取到一个域名却不是那么容易的事情。

从商业角度来看,域名是"企业的网上商标"。企业都非常重视自己的商标,而作为网上商标的域名,其重要性和其价值也已被全世界的企业所认识。域名和商标都在各自的范畴内具有唯一性,并且随着Internet的发展。从企业树立形象的角度看,域名和商标有着潜移默化的联系。所以,域名与商标有着一定的共同特点。许多企业在选择域名时,往往希望用和自己企业商标一致的域名。但是,域名和商标相比又具有更强的唯一性。从域名价值角度来看,域名是互联网上最基础的东西,也是一个稀有的全球资源,无论是做ICP、电子商务,还是在网上开展其他活动,都要从域名开始,一个名正言顺和易于宣传推广的域名是互联网企业和网站成功的第一步。

域名注册先下手为强

在e时代的今天,一个没有域名的企业,就像一个没有名字的人。根据《中国互联网络域名注册暂行管理办法》规定，凡注册时发生相同域名申请时，按照先来先注册的原则处理。

如果一个知名企业，其域名被注册后，企业将无法在网上以自有的品牌域名来从事一切商务活动。由于域名比商标有更强的唯一性，所以很多企业在网上注册域名时，会遇到其他行业已经注册该域名了。我国商标法规定如果是不同类别的产品，可以注册同一名称的商标。比如像"七喜"，就有饮料和电脑。但在域名注册时，这里只允许一个，所以，这样的情况下，这些商标的厂商注册以品牌名称的域名，就要执行"先注优先"原则，而后来者在网上却失去了这种权利。

链 接

海尔建立品牌保护网

1996年底，海尔与同仁堂、娃哈哈等数百家知名企业的商标被境外公司抢先注册为域名。虽然后来这些域名又回到了中国人手中，但企业付出的代价巨大，域名被恶意抢注的阴影从未散去。因为有前车之鉴，海尔在1997年将www.haier.com.cn注册下来并作为主域名使用。2003年3月，CNNIC刚一开放.cn二级域名注册时，海尔又立即注册了www.haier.cn并同样投入解析使用，直达海尔集团首页。就在2005年10月31日，海尔集团一口气注册了51个各种相关联的.cn域名，甚至包括客服电话4006999999.cn，还包括海尔分公司的域名，如北京海尔信息科技有限公司的haierinfo.com.cn；海尔主打产品类型的域名如海尔冰箱的haierfreezer.cn。其域名注册总量跃居国内外企业前列。海尔较早注册和使用.cn域名的举措，在没有国界的互联网世界里也塑造了海尔品牌形象。

随着海尔的发展壮大，海尔的域名保护范围也不断拓展。域名经济的逐步升温，使得不但是与知名企业名称相同的主域名，甚至品牌名称、产品名称、服务热线及宣传口号等相关域名，都成为投资热门。海尔适时而动，及时采取了延展性注册的全面保护措施。

除了最早注册的海尔集团的主域名haier.com.cn和haier.cn之外，域名涉及范围十分广泛。截至目前，海尔已经注册了近百个.cn域名。

情人节拍卖温情域名

现在，每当情人节到来时，各大网络商城的情人节购物中，情侣的.cn域名已经成为一种新兴的礼品被商家所推荐。具有终身保存价值和使用价值，成为以情侣姓名拼音命名的.cn域名的卖点。众多的年轻情侣对这种方式颇感兴趣，尤其很多在大学求学的学生情侣更是对此情有独钟。因为情人节送域名的创意非常吸引人，都说钻石能永流传，可是今天的网络域名也可以永留传，通过这种方式向自己所爱的人表达爱意，花的心思很让人感动，表达的方式也更加新颖。

海外域名国内抢

域名抢注从过去的"外国人抢注中国老字号"变成了"中国法人抢注外资公司"。与".com"相反的是".cn"域名抢注的官司已经打到了国内，大量中国法人瞄上了海外公司的子母品牌。欧莱雅集团在.cn域名的注册问题上就曾吃到过苦头。当它在国内准备推广一新款眼影，想注册.cn域名时，才发现其旗下"赫莲娜"等品牌名称已被抢注。后委托专业律师行提起申诉，并表示将通过各方面努力夺回自有品牌网络标识的所有权。在传统品牌中，织物"华达呢"的发明者，著名的奢侈品制造商勒贝雷的.cn域名被抢注；德国宝马汽车品牌的.cn域名也已落入他人之手。著名显卡厂商加拿大ATI公司其中国域名在几年前就被抢注了，有人利用该网站混淆视听，销售境外显卡。

广告开辟新媒介
——网络广告

与传统的四大传播媒体（电视、广播、报纸、杂志）广告及近来备受用户垂青的户外广告相比，网络广告具有得天独厚的优势，是实施现代营销媒体战略的重要一部分。目前网络广告的市场正在以惊人的速度增长，网络广告发挥的效用越来越显得重要，成为传统四大媒体之后的第五大媒体。因而众多国际级的广告公司都成立了专门的"网络媒体分部"，以开拓网络广告的巨大市场。

网络广告简单地说就是在网络上做的广告，利用网站上的广告横幅、文本链接、多媒体的方法，在互联网刊登或发布广告，通过网络传递给互联网用户的一种高科技广告运作方式。

以网络为依托的网络广告的大发展是挡不住的潮流，各大企业为了向消费者宣传自己的商品，提高商品的认知度，广告在构建品牌的知名度和影响消费者做出购买起了非常重要的影响，作为新兴的媒体，网络媒体的收费也远低于传统媒体，若能直接利用网络广告进行产品销售，则可节省更多销售成本。网络的高速发展为广告提供了一个强有力的载体，它超越地域、时空的限制，使得商品的宣传具有国际化。

互联网确实具有很强的吸引力，但很多网络用户只关注自己感兴趣的东西，根本不看广告。在眼球经济的今天，如何牢牢地把用户的眼球吸引过来，是每个网络广告推广机构费尽心机的地方。调查显示，如果用户打开一个网页，没有特别吸引之处，停留时间往往不超过3秒。而网络广告可以利用它独特优势将多媒体——以图、文、声、像的形式，传送多感官的信息，让顾客如身临其境般感受商品或服务，来吸引网民的兴趣。

网络广告市场竞争激烈

面对巨大的利润空间，互联网广告已经成为很多网站的主要收入来源，网站之间的竞争也就愈加的激烈，很多网站都在不断调整自己的广告，对原有的广告进行改版，增加版面等。目前我国的网络广告市场已进入竞争的白热化阶段。网络广告的出现为广告业拓展了新天地，是对传统广告媒体的补充，但只有掌握了网络广告的特点，扬长避短，才能在激烈的竞争中获得先机，才会给广告主和广告商带来无限的商机。

金融危机带来新机遇

CNNIC第23次中国互联网络发展状况统计报告显示，截至2008年底，我国互联网普及率以22.6%的增长速度首次超过21.9%的全球平均水平，同时我国网民数达到2.98亿，稳居世界排名第一。即使在全球经济危机发生后，中国网民的网络行为也没有明显变化，平均停留时长还略有增加，充分说明网民对于互联网的依赖性没有改变。随着我国网民数量的不断增多以及电子商务模式的日益成熟，我国网络广告的市场规模还将不断扩大。多方调查、研究数据显示，互联网作为主流广告媒体的价值越来越明显，2009年中国互联网广告投放总额将达到275亿元，较2008年增长37%。其中，网络广告运营商市场规模将达到163亿元。在全球经济普遍萎靡的情况下，网络广告将继续成为我国互联网经济当中的一个突出亮点。受2008年全球金融危机影响，随着企业纷纷寻找成本效益更高的产品推广方式，这就给了中国逐渐兴起的网络广告有可能因经济大幅放缓而获益的发展机会，中国网民逐渐增多，网络成为消费者集中的地方。

监管机制不完善

虽然网络广告有众多优势，但是网络介质的特殊性也导致了大量的违法行为，虚假广告、欺诈性广告、不正当竞争广告等充斥网络，严重影响了交易当事人、消费者的合法权益，破坏了正常的经济、社会秩序。由于网络广告是中国一个新兴的广告市场，加上网络传播主体的多元化、虚拟化等特点，给网络监管造成了一定的难度。因此，完善网络广告监管机制已成为当务之急，否则必将影响其健康发展。

在未来，随着网络广告的日益发展壮大，国家对网络广告市场的监管力度将会加大，针对目前网络广告中存在的一些问题，将会有健全的网络广告管理法律体系，网络监管机构和网络交易制度也将更加规范。

链接

网络广告的多样化

随着网络广告规模的逐年扩大，多种多样的网络广告形式也在蓬勃发展。比如普通网幅广告、普通按钮广告、页面悬浮广告、鼠标响应网页网幅广告、鼠标响应网页悬浮广告、弹出窗口广告、网上视频广告、网上流媒体广告、网上声音广告、QQ上线弹出广告、QQ对话框网幅广告、电子邮件广告。随着互联网技术的发展及宽带技术水平的提高，网络广告的表现形式也将越来越丰富。

腾讯争夺网络广告"百亿蛋糕"

目前在互联网企业中，腾讯涉及的业态比较全面。数据显示，目前腾讯的收入中，约近七成来自无线增值业务销售，两成左右来自广告收入，剩下一成来自网络游戏等业务。

虽然所占比例不高，但是网络广告业务的发展已被列入腾讯发展的一大重点。马化腾此前即对媒体表示，从中短期来看，互联网各种业务模式中，网络游戏增速最快；但从长期来看，网络广告收入必然成为最主要的支柱。未来腾讯的收入也要向这个方向上靠，广告比例将要增加。

明星之路自己造
——网络红人

互联网的大发展造就了一个全民互动娱乐的大时代，同时也让这个虚拟世界变成了全新的造星舞台。近两年，网络明星一个接一个地诞生在网民或网游玩家的鼠标和显示器之间。网络这个大舞台创造了一个又一个影响力丝毫不亚于传统明星的网络新星。

网络红人跟现实名人、电影明星的意思差不多，应该就是"网络名人"的意思。网络红人太多太多，类型也丰富多彩，你想看什么型的都有。出名的途径也越来越多，出名的过程也颇具娱乐性。网络红人的诞生和电影明星、电视明星的诞生没什么不同，是新媒体的话语权强大后的必然产物。今天的网络，有了走红的网络写手、有了走红的图片美女。明天将诞生更多网络宽频时代的网络明星，比如，网络知名主持人，这是必然的结果，谁能说将来的门户网站宽频节目主持人就不可以成为网络明星呢？假如他做得非常优秀。

传统造星代价太大，普通人就算漂亮、有能力，也难以获得成名的机会，而网络对传统影视、媒体的一个补充。如今的文化圈，特别是大众文化圈，在这片繁花似锦中，有很多人看厌了中伤和争吵而倍感失望。那么，网络红人和传统名人有什么不同？

其实就是成名的平台不同而已。

目前网络红人已经历了三代：第一代是文字时代的网络红人；然后是图文时代的网络红人；第三代就是现在宽频时代的网络红人。常常有的人觉得网络红人有些单调，其实是只注意到了第二代图文时代的网络红人，而忽视了其他。在互联网的56k时代甚至更早，是文字激扬的时代，也培育了那一代的网络红人，他们共同的特点是以文字安身立命并走红，谁能说他们不是那个时代的网络红人呢？

当互联网进入更高速的图文时代，这时候的红人开始如时尚杂志绚丽多彩起来为什么？因为这时候的互联网更有读图时代的味道。最后，互联网越来越宽，人们进入了宽频时代。

对比之下，不难发现网络明星和传统明星的区别。传统明星成名依托的是其签约公司的包装，通过电视媒体或平面媒体达到积累人气的目的，他们的成名过程缓慢而复杂。但是网络明星则不同，网络明星的成名完全依靠其网络特色。当一个网民找准了一个有特色的定位，做出出众的表演，或者拿出了有出位的言论、作品，这就能够让他、她，甚至"它"在网络上一举成名。

拿网络游戏代言而言，网络明星的粉丝基本上都是网民，关注他们动向的大多数也是网民。这些具有网游体验经历和网络基础的粉丝团，才是网络游戏的目标客户群体。换而言之，找网络明星来代言，花钱换来的潜在客户直观可见，而找传统明星代言，很可能大部分钱是叫好而不叫座。这个性价比上的差异，可见一斑！

谁是网络下一站"天后"

2008年对于中国来说是不平凡的一年。网络上的人们不再痴迷于八卦流言,靠自己的主张来赢得名声,靠信念来取得别人的掌声,这是一个健康、积极、全新的视角,未来的网络红人们将用自己的主张,成为下一站天后!网络红人是互联网发展的产物,网络是个低成本的造星平台,网络明星的特色将和这两年风靡大江南北的超女异曲同工,尽管没有巅峰级别的名气和地位,但是他们却同样可以拥有为数众多的粉丝团。

灵感同样是财富
——网络写手

互联网新技术开创了一个充满奇迹的年代,有更多的人通过互联网改变了自己的生活,网络写手就是其中的一类,它的兴起,成就了不少网络作者,使得一些网络写手一夜成名。

网络可以聊天,可以发表言论,可以发表一些在现实中发表过或发表不了的东西,可以给苍白的灵魂一种虚幻的寄托和慰藉,所以就有人搭乘这辆快车,走进网络文学,成为网络写手。网络更为每一个渴望成为作家的人,提供了超越传统写作多得多的便捷与机会。网络文学似乎从诞生伊始就形成了相对固定的话语模式、开放、自由的网络平台。

文字本来就是一种简单的东西,一种很容易操作和感知的东西,在网络这个世界里,写作的门槛很低,只要具备上网的条件,会写一些东西,就能在网上自由地写作,于是,不少网络写手就把网络作为踏入文坛的一条捷径,只要你愿意,就可以到网站申请成为作者,创作自己的网络文学作品。

与传统文学的多种功能截然不同,网络文学主要就是消遣娱乐,作品不仅包括奇幻、武侠、言情类小说,在游戏、休闲等文学领域也拥有大批非常优秀的作家和作品。目前一些知名的网站都会拥有固定的网络作者群,目的就是要进一步让网络文学走到前台,让原创网络文学加快步伐,让更多的人接触、了解并接受网络文学,让网络原创文学作者获得更多的尊重和理解。而众多获得尊重的网络文学原创作家的加盟,进而带动整个网络文学跨越式的大发展,将为这些网络文学原创作者赢得更为宽松的创作条件。作者与读者可以借网络平台进行互动、交流,这大大提高了创作的效率,激发了创作的热情。因为,网络是一个开放的平台,没有贵族和平民之分。网络作家的作品能够脱颖而出,是因为接受并经受了网民的检阅,但是,目前与最初的作者纯粹出于兴趣的写作相比,今天的网络文学似乎正在远离非功利性的写作状态,成为商家竞相开发的"金矿",商业气息越来越浓。

  在网络世界里,关于文字的奇迹从来就未曾缺乏过。从1998年,痞子蔡的《第一次的亲密接触》正式出版纸质图书并风靡华人世界,到目前盗墓探险小说《鬼吹灯》,玄幻武侠小说《诛仙》,一批批的网络作者出书热方兴未艾。在文学作品普遍不景气的大背景下,网络文学取得这样的成绩,令众人刮目相看。网络巨大的空间造就出的网络名作家也越来越多,有引领仙侠创作潮流的《诛仙》作者萧鼎,有架空历史的杰作《新宋》作者阿越,还有《兽王》、《驭兽斋》作者"宠兽天王"雨魔,《七界传说》作者"人气天王"心梦无痕,《人狼国度》作者"超级快手"青墨等等。网络让无数向往文学的人,一点点向梦想靠近。

  中国年轻的网络原创文学已经走过了十多年的历程,网络写手的作品也"走下"了网络,被醒目地印成了传统纸质出版物,改编成网络游戏,影视剧本,出现在更大范围的读者面前。网上绝大多数的长篇写作,目标是在网下出书。而对出版社来说,在筛选可供出版的网络作品时,往往是锁定网上点击率高、能够吸引人一口气看下去的作品。

值得一提的是《诛仙》，是网游界最早由网络文学改编为网游的作品，而目前由完美时空开发的同名网游已是业界公认的成功网游之一。业界估计，《诛仙》为完美时空创收至少上亿元。以名噪一时的《鬼吹灯》为例，《鬼吹灯》出版简体中文、繁体中文及外文实体书，又配套制作了一系列动漫影视网游作品之后，版权总收入已经超过1000余万元。2007年8月，起点中文网将《鬼吹灯》的影视改编权以100万元转让给华映电影。文字是故事的起点，国产大片导演、演员、摄像世界一流，唯独编剧是弱项，没有好故事支撑。因此，握有"文字权"的盛大公司显得底气十足。

从网站到网游，网络文学已经成为中国文学中一支不容忽视的力量，但这一切的改变只用了近10年的时间。这10年里，网络文学完成从垃圾文学到市场传奇的转变；10年里，传统文学与网络文学彼此博弈，而未来，网络文学或将撼动出版业的格局。

网络文学显然改变了人们对作家固有的判断，不一定非得出一本书才是作家，网络文学把以往的条条框框打碎，作家门槛降低，作品与读者零距离接触。你可以最真实最大限度地展示你的文学才华，而且更快速、更直接地把作品传递到读者的面前。与传统作家成名路相比，网络文学天生就是一副草根相，从一开始走的就是一条与作协背道而驰的路线，网络文学和网络写手的崛起也天经地义，无可厚非。只是目前网络文学的遍地生根，一派虚荣与浮躁的堆砌值得人们深思与回味。

文化史学家余秋雨表示，网络写手正在拯救文坛，网络文学已经成为一个非常完整的世界，成为一种重要的文学现象，新的表现形态、思维模式都让他很兴奋。就像刘震云讲的，"这是当代文学的一片新天地。"其实这是一件好事，这说明社会在进步，人的思想、观念也在发生变化。

　　相对于几千年的文学传统而言，当代网络文学不过是"小荷才露尖尖角"，相信随着网络写作的大背景日臻成熟，随着越来越多的高手的参与推进，随着网络文学批评机制的不断完善，中国网络作者将带给人们更好的文学作品，这是完全可以期待的。凭借着一批批孜孜不倦的网络写手和热情挑剔的网络读者，网络文学正迅速进入高速发展的黄金时代。

　　"网络文学"本身并没有多少特别之处，它仅仅是文学的另一种表现形式，并借助网络平台使之更便捷地体现出作品价值。还有许许多多的网络作品带有很强的网络色彩，比如：聊天、网恋、泡论坛等等。网络的最大特点就在于它的开放性、包容性。在这样的氛围中，人们的评论也越来越宽容了。不仅如此，许多传统作家甚至包括许多著名作家也把眼光投向了网络。

没有围墙的知识库
——数字图书馆

从甲骨文时代到信息时代,一部人类的文明史在一定意义上是一部知识的积累、传播、转化和创新的记载体。这部人类文明史与图书的演变发展息息相关,与知识的传播、创新密不可分。

数字图书馆(Digital Library)是用数字技术处理和存储各种图文并茂文献的图书馆,实质上是一种多媒体制作的分布式信息系统。它把各种不同载体、不同地理位置的信息资源用数字技术存贮,以便于跨越区域、面向对象的网络查询和传播。它涉及信息资源加工、存储、检索、传输和利用的全过程。数字图书馆是一门全新的科学技术,也是一项全新的社会事业。简而言之,就是一种拥有多种媒体内容的数字化信息资源,能为用户方便、快捷地提供信息的高水平服务机制。

目前,世界范围内正在掀起数字图书馆建设高潮。数字图书馆已成为国际高科技竞争中新的制高点,成为评价一个国家信息基础设施水平的重要标志。"数字图书馆"概念一经提出,就得到了世界广泛的关注,纷纷组织力量进行探讨、研究和开发,进行各种模型的试验。随着数字地球概念、技术、应用领域的发展,数字图书馆已成为数字地球家庭的成员,为信息高速公路提供必需的信息资源，是知识经济社会中主要的信息资源载体。数字图书馆借鉴图书馆的资源组织模式、借助计算机网络通信等高新技术，以普遍存取人类知识为目标，创造性地运用知识分类和精准检索手段，有效地进行信息整理，使人们获取信息消费不受空间限制，很大程度上也不受时间限制。其服务是以知识概念引导的方式，将文字、图像、声音等数字化信息，通过互联网传输，从而做到信息资源共享。每个拥有电脑终端的用户只要通过互联网，登录相关数字图书馆的网站，都可以在任何时间、任何地点方便快捷地享用世界上任何一个"信息空间"的数字化信息资源。

科学技术的迅速发展，网络像人体神经系统一样触及到世界的每一个角落，空间距离正在消失，形成了全球性的信息一体化趋势。人们在观念上打破了文化上的界限，为图书国际化提供了条件。可以说当今世界正面临着一场"图书的革命"，这场革命将彻底改革几个世纪以来人们已经习以为常的、传统的图书观念。数字图书馆的实施将使图书馆从封闭走向开放。它是没有围墙的图书馆，是永不关闭的图书馆。

随着计算机和网络技术的研究和发展，数字图书馆正在从基于信息的处理和简单的人机界面逐步向基于知识的处理和广泛的机器之间发展，从而使人们能够利用计算机和网络更大范围地拓展图书的影响力，在所有需要交流、传播、存储和利用知识的领域，包括电子商务、教育、远程医疗等方面发挥极其重要的作用。

数字图书馆的优点：

信息储存空间小、不易损坏

数字图书馆是把信息以数字化形式加以储存，一般储存在电脑光盘或硬盘里，与过去的纸质资料相比占地很小。而且，以往图书馆管理中的一大难题就是，资料多次查阅后就会磨损，一些原始的比较珍贵的资料，一般读者很难看到，数字图书馆就避免了这一问题。

信息查阅检索方便

数字图书馆都配备有电脑查阅系统，读者通过检索一些关键词，就可以获取大量的相关信息。而以往图书资料的查阅，都需要经过检索、找书库、按检索号寻找图书等多道工序，繁琐而不方便。

远程迅速传递信息

图书馆的建设是有限的。传统型图书馆位置固定，读者往往要花费大量的时间在去图书馆的路上。数字图书馆则可以利用互联网迅速传递信息，读者只要登录网站，轻点鼠标，即使和图书馆所在地相隔千山万水，也可以在几秒钟内看到自己想要查阅的信息，这种便捷是以往的图书馆所不能比拟的。

同一信息可多人同时使用

众所周知，一本书一次只可以借给一个人使用。在数字图书馆则可以突破这一限制，一本"书"通过服务器可以同时借给多个人查阅，大大提高了信息的使用效率。

链　接

优秀的数字图书馆

★超星数字图书馆（http://www.ssreader.com/）

超星数字图书馆是国家"863"计划中国数字图书馆示范工程

项目，由北京世纪超星信息技术发展有限责任公司投资兴建，以公益数字图书馆的方式对数字图书馆技术进行推广和示范。图书馆设文学、历史、法律、军事、经济、科学、医药、工程、建筑、交通、计算机和环保等几十个分馆，目前拥有数字图书十多万种。每一位读者下载了超星阅览器（SSReader）后，即可通过互联网阅读超星数字图书馆中的图书资料。凭超星读书卡可将馆内图书下载到用户本地计算机上进行离线阅读。专用阅读软件超星图书阅览器（SSReader）是阅读超星数字图书馆馆藏图书的必备工具，可从超星数字图书馆网站免费下载，也可以从世纪超星公司发行的任何一张数字图书光盘上获得。

★阿帕比阅读网（www.apabi.com）

方正阿帕比数字版权保护系统的应用范围涵盖了出版社、图书馆、网站、政府、报社等多种行业，包括网络出版、数字图书馆、电子公文等多种业务。方正Apabi成立于2006年4月，其前身是成立于2001年的北京方正电子有限公司数字内容事业部，在继承并发展方正传统出版印刷技术优势的基础上，自主研发了网络出版技术。目前，方正阿帕比公司在电子书方面已经拥有经过出版社授权发行的电子书超过25万种，覆盖了人文、科学、经济、医学、历史等各领域。目前，中国80%以上的出版社在应用方正阿帕比（Apabi）技术及平台出版发行电子书，每年新出版电子书超过6万种。阿帕比（Apabi）电子书产品已在全球2900多家学校、公共图书馆、教育城域网、政府、企事业单位等机构应用。

传统出版展新颜
——数字出版

20世纪末,互联网作为一种革命性的生产力工具,在出版业得到了最充分的体现。对很多年轻人而言,"鼠标"已经取代了书报和纸笔。美国IT业的一位人士宣称:20年以后,要把图书连同印刷术送到博物馆,言下之意是用网络取代图书,这听起来的确让人心率过速。

网络出版,又称互联网出版,是指互联网信息服务提供者将自己创作或他人创作的作品经过选择和编辑加工,登载在互联网上或者通过互联网发送到用户端,供公众浏览、阅读、使用或者下载的在线传播行为。

从1997年开始,就有一些关于网络出版的讨论文章在报刊上发表。1998年有更多的专业人士加入研究。1999年和2000年是中国互联网发展的高潮。随着互联网的普及,出版业人士对网络出版的研究更加深入,对网络出版的各个细节问题展开讨论,使人们对网络出版有了更明确的认识。

目前网络出版经过十多年的发展已取得了巨大的进步。网络出版不仅逐渐改变了传统的出版形态、流程和经营模式,而且由此带来了出版界的转型,这也成为了出版领域的一个重要趋势,网络出版已经成为中国出版产业转型的必经之路，很多出版机构都把网络出版权当成一个良好的发展契机。网络出版这种新媒体将与旧媒体长期共同发展。

电子图书

网络出版丰富了出版的形式，电子图书是出版社新的经济增长点之一。越来越多的出版社将实现图书网络同步出版，中国正版电子书出版总量将突破百万种，由图书馆等机构用户采购的电子图书、电子期刊的销售规模将达到数十亿元。目前，随着科技进步和出版技术的不断发展，电子图书网络出版将一改以畅销零售图书为主的面貌。

电子期刊

最初电子期刊是通过光盘的形式出现的，近年网络出版技术的发展给期刊提供了更广阔的空间，电子期刊在内容的制作上逐渐从传统平面文字图片向音频、视频、动画等更多新媒体形式转变。目前，电子期刊的出现为传统杂志不仅注入新技术的血液，从一定意义上讲，电子期刊拥有强大的内容生产力，而传统期刊形式、阅读方式的单一，无法跟上新媒体发展和新的发行渠道。因此两者将互为补充，长期并存，电子期刊发展势头强劲，而传统期刊的存在价值依旧，继续在一些领域发挥着不可替代的作用。

电子报纸

传统报纸长期以来在各自的读者群中建立较高的信任度和权威性。查看电子报纸必须具备上网条件才可以快速阅读到最新消息和多媒体信息。电子报纸除有文字以外，还提供了图片、音视频文件等多媒体信息，读者如果有兴趣或有必要还可以对任何一个版面进行打印。如果读者希望获取更多、更新的信息，可以登录网站，对后续报道和背景资料进行延伸阅读。这样离线、在线的结合，极大地满足了不同用户的不同需求。但是，电子报纸不如普通报纸使用上简单方便。

网络出版的滚滚浪潮正在促使传统编辑出版活动进行一次空前的革命性变革，它将深刻地改变编辑出版背景、编辑出版模式、编辑出版手段、编辑出版流程等各个领域，使传统的出版形式在手段运作、管理方式上都产生全新的变化，从而改变了人们对出版的传统观念。

网络出版，是基于网络的出版和发行方式，相对于传统纸质出版，网络出版有许多的优越性：

节省资源

纸介出版物消耗了大量森林资源，也造成了严重的环境污染。目前的网上电子图书不过是网络出版环节上的一种模式，尚未脱离传统的实物载体，但未来网络出版的最终产品将全部以电子形式出现，实现网络出版的最终目标，完全摒弃传统模式，使图书全部实现网上下载发行，彻底实现无纸化出版，使出版的形态、流通方式和结算方式发生革命性的变化，从而节约社会资源，减少环境污染，从这个角度来看，网络出版将是一种真正意义上的绿色产业。

出版与发行同步进行

网络出版的同时，其实已经实现了传统意义上的发行，这使得真正意义上的零库存成为可能。据专业人士分析，电子出版物是目前最适合网上流通的商品，不需要物流运输，库存永远充足等特点是它最大的卖点。

可避免绝版

网络出版能使具有重要学术价值和文化积累价值的作品出版更加容易，无论想看多久以前的书、报纸、杂志，都可从网上下载或通过网络订购来获得。可以说，网络出版使出版真正成为了没有绝版的出版。而且，"按需印刷"这一新的出版模式，既能满足读者喜欢阅读纸介质图书的习惯，也使出版者和书店增加了新的营销方式。

价格实惠

由于网络出版是直接面向读者，减少了印制发行、书店等中间环节的支出，使得同样的内容，在网上观看或通过网络购买所需的费用仅相当于购买同等纸质图书的30%～70%。比传统出版优惠，而且还有利于打击盗版。

检索方便

电子出版一改传统出版的查找模式，通过关键字词的查询，可迅速找到所需内容，并进行目录和全文检索，使阅读更加方便和快捷，这是电子出版相对于传统出版的最显著的优势之一。

阅读更自由

读者不必受限于时间和空间，无论在世界的哪个角落，均可通过网络下载电子出版物，而且一部阅读器可存储上百部甚至更多的网络出版物，减少了读者存书的物理空间，从而增加了携带的方便性。

网络出版是以互联网作为传输介质，不提供纸质载体，因此需要阅读者具备电脑、网络等设备。同时，由于显示屏精度方面的限制以及对视力产生的危害，在一定程度上阻碍了数字读物的普及。但是网络出版是出版界发展的必然选择，是出版界在编辑、出版和发行上由必然王国走向自由王国的必经之路，是出版界在电子商务上和国际接轨的新途径。

链 接

美国西雅图146年老报纸以网络版代替印刷版

拥有146年历史的《西雅图邮报》于2009年3月17日出版最后一期印刷版报纸，之后仅以网络版的形式存在。这也是迄今美国最大一家彻底"转网"的日报。《西雅图邮报》的东家美国赫斯特公司称，将努力打造新型数字化业务模式。

网络时代的时髦客
——博客达人

它就像一个社会，一个剧场，而人们就在其间演绎着真实或虚幻的故事。它是一个属于自己的私人天地，可以在这天地之中尽情展示个性与思想；它正悄悄地走进人们的生活，并改变着一个又一个人的生活……

在信息化飞速发展的今天，作为互联网上新鲜事物的博客，已开始普及起来，并被越来越多的人所接受。"博客"（Blog）一词源于"Web Log"网络日志的缩写，是一种十分简易的傻瓜式个人信息发布方式，相当于一个个人网站。原意是指写Blog的人（即Blogger），但后来逐渐把它用作Blog的中文称呼。让任何人都可以像使用免费电子邮件的注册、写作和发送一样，完成个人网页的创建、发布和更新。如果把论坛（BBS）比喻为开放的广场，那么博客就是开放的私人房间。

博客进入中国后一开始被当做"网络日记"来理解，记录私密心情和日志被视为最基本的功能。现在博客将网络写作又一次的更改或颠覆，是继电子邮件、论坛、即时通信软件之后出现的第四种网络交流方式。博客写作比所谓的网络文学更自由、真实、自然，博客们信口道来的叙述中，文字里蕴涵着对生活最朴素的认识，是对固有知识的直接颠覆。与侧重私密性的"网络日志"不同，博客更注重个性与公共性的结合，它以个人的视角，以整个互联网为视野，对所有网友开放，精选和记录个人思想、个人日常经历……

像现在网友们所说，现在是"全民皆博"的时代，MSN和QQ的流行练就了网民的敲字速度，而渴望交流又是现代人普遍的需求，博客就这么应运而生了。博客平台巨大，而且容量无限，对于文字的真正冲击在于提供了一个无需准入许可证的平台。一方面，人们用一种放任的、毫无拘束的方式去运用文字，不知道它会创造出什么新的语言；另一方面，人们对传统文字也越来越熟悉，可以熟练驾驭，因此文字对普通人来说变得十分容易，可以不受传统媒体的拘束，想到哪儿写到哪儿，无所谓格式和文体。在张扬自我个性的同时，又能和大家一起沟通、交流。

注册自己的博客

博客存在的方式，分为三种类型：一种是托管博客，无需自己注册域名、租用空间和编制网页，博客们只要去免费网站注册申请即可拥有自己的博客空间，是最"多快好省"的方式，也是大众最认可的方式；另一种是自建独立网站的博客，有自己的域名、空间和页面风格，但是需要有一定的网站建设和网页设计基础；还有一种是附属博客，将自己的博客作为某一个网站的一部分（如一个栏目、一个频道或者一个地址）。这三类之间可以相互演变，甚至可以兼得，一人拥有多类博客网站。

现在，很多的网站都推出了可以自由随性书写的托管博客，其注册也很规范和严格，只要提供相应资料就可以注册。知名的天涯社区推出的博客大家是网民耳闻目睹的博客网，博客中国等博客阵营也推出了异彩纷呈的个人博客，吸引着千千万万的博客们。新浪、网易等门户网站的个人专栏，也是博客的一种分支。百度空间、搜狐博客、MSN 空间、TOM 博客、网易博客都是很好的博客网站。确认申请成功后就可以使用，并且可以得到自己博客的地址，无论是自己还是他人只要在地址栏上输入博客地址，就可以看到相应的博客。

感受博客

编写日志、上传图片、添加好友、文章推荐、RSS 订制等等。你的地盘你做主，用文字记录观点和情绪，用相机记录精彩瞬间，用音乐缭绕私家园林，码字的辛苦渐渐成了博客们的瘾头，单调的生活在博客上慢慢地变得机巧和有趣，朋友之间相互品评，封闭的心灵也会变得豁达敞亮起来。对于博客浏览者来说，分享他人的忧伤和快乐，去行业精英那儿学习独到的观点和见闻；去老友那儿体察他平常不曾表露的心声；去不认识的博友那儿发现崭新的世界，博客让人们更加热爱生活！在新浪博客里面创下点击次数过亿的徐静蕾，说过的一个非常有代表性的词，那就是"表现欲"，具有强烈表现欲的并不是仅限于演艺界人士和专业写作者，广大的网民都有自由表达自己喜怒哀乐的权利和欲望。这也是一种创造，一种大众化的创造，一种进步的、文明的、创新的表现。

博客，可以记录自己的心路历程和变化，可以不断地总结和反省自己，调整心态，尽量保持一种平和；博客，可以享受自己宁静的家园，感受互联网的巨大力量，让思想更加成熟，知识更加丰富。

　　写出来的东西是要给人看的，起码大多数情况下是这样的。博客的文章如果没人看，写作的人可能慢慢也就没有动力了（当然有些人的部分文章可能是写给特定人或人群看的，不在此列）。也就是说，博客文章的社会性和流传性，是博民们写作、发表，包括转帖的动力源泉。

　　博客正改变着人们的生活，向积极的方向，向多彩的方向。博客如同自己的宠物一样，你要热爱它、关心它、饲养它，为它提供充足的空间和舞台，它也会给你带来无穷的快乐与欣慰，谁的孩子谁不爱呢？谁的博客谁自己不喜欢呢？有了自己的博客，自然会在意它的成长，自然有了一份沉甸甸的牵挂，朋友们的回复与关注是它成长的催化剂，而博客们的辛勤投入则是它赖以存在的生命之源。人们热爱自己的博客，如同热爱自己的孩子，热爱自己的宠物一般，但不能要求人人都喜欢它，必需允许别人不喜欢、不关心自己的博客，但唯独你自己不能。不论你的博客是多么的幼稚与不成熟，不论它属于阳春白雪还是下里巴人，只要是自己的，就是值得人们去为之努力的。建设好自己的家园，梳理自己的思想，启迪自己的智慧，分享他人的心绪。博客正慢慢改变着生活，生活正因为博客的存在而多彩。

有声的博客殿堂
——在线播客

如果说"博客"建立了个人的BBS，那么"播客"就是建立了个人的网络电台，这是一个从纯文字传播到音频和视频传播的过程。如今，"播客"正逐渐走近普通百姓、普通大众的视野，并以它独有的功能逐渐创造价值。

"播客"又被称作"有声博客"，是Podcast的中文直译。用户可以利用"播客"将自己制作的"广播节目"上传到网上与广大网友分享。播客（Podcast）这个词源自苹果电脑的"Pod"与"广播"(Broadcast)的合成词，指的是一种在互联网上发布文件并允许用户订阅，自动接收新文件的方法，或用此方法来制作的网络电台节目。

网络生活可谓是一"博"未平一"播"又起，播客也可以说是博客的升级，将文字上升到了声音和视频，是博客的进化，是有声有色的博客。但是实际上却是功能相对独立的又一种网民自创空间。随着视频制作技术的不断进步，播客现在已经可以实现网民的自我制作和自我上传，使得这个门槛大大降低，让每一个互联网用户都可以轻松使用，人们表达的空间也越来越大，每个人都有表达自己意见的权利。声音本身就是一种乐趣，而播客的出现，为大家提供了一个能平等发声的平台。

当写博客已经成为人们记录生活的家常便饭时，一种新的方式——播客，以其自由、简单的操作，吸引了更多喜欢展示生活、乐于分享的时尚人士。在他们看来，文字显然不如影像来得直接和有力。上传个人视频，观看其他播客的视频节目，与网友分享交流……对于播客来说，每个人都是自己王国的国王，可以选择做导演，也可以做演员，更可以做观众。在这个王国里，每个人都能得到意想不到的收获。

2005年中国第一个播客网站——土豆网诞生，它给中国网友们带来的不是一个播客，而是一个为播客们精心搭建的"剧场"，一个拥有无限可能的"舞台"。在这里，主角是每个人，观众是全世界。播客们蜂拥而至，有人在这里朗读《刑法准则》，有人在这里教西班牙语，有人自弹自唱，有人自导自演。播客的出现让网络空间从虚拟回归现实，它的普及会让更多人从中受益。播客阐释的不仅仅是一种沟通方式，它更大的意义是进一步打破了横亘在人们之间的数字鸿沟，进一步阐释了"世界是平的"这一互联网理念，将更加有利于人们构建一个平等、和谐、绿色的网络空间。

播客给百姓"秀自己"的平台

如今上网又多了一项每天必看的内容，那就是一些优秀"播客"。现在的"播客"很多都是人们生活中发生的事情，非常真实、有声有色。这是一个人人都想秀出自己的时代，而表现自我的最好办法就是借助视频和声音。无论是用手机拍摄的生活片段、用DV记录的度假见闻，还是偶然录下的特别声音，在播客网上都会给你提供一个专属的个人频道，让全世界听到、看到。而零门槛的视频音频发布技术、强大的服务器支撑和无限的带宽，也给了播客们最好的支持。在这种天时地利之下，即使是最默默无闻的人也有可能迅速成名。

各类播客网站可以把几乎所有视频文件格式在上传过程中自动转化为统一的flash格式，网友可以把自己喜欢的视频文件轻松上传到自己的博客和播客，可以在播客中建立专辑，分门别类建立个人的网上视频库，用户还可以面对摄像头进行自拍自制，做到实时上传。

播客生活的导演就是你，这就是以人为本的网络，在这里你手中的屏幕就是最热门的舞台，你的表演比明星更闪亮，你的声音有着前所未有的影响力。在这些播客网站里，你可以做一回自己的导演，用自己喜欢的方式演绎生活和记录生活。

博客的蓬勃发展印证了科幻作家威廉·吉普森在1996年的预言：“人人都能书写的网络表达方式，真正的生命力在于大多数的草根一起共生，职业的网络书写者将在这个天地内不断地闪耀光彩。”而播客的兴起，则预示着一个"人人都能说话"的网络表达时代的来临。播客在中国网络快速实现平民化、全民化，它将成为继博客之后的又一大网络自创社区，成为人们的又一种生活方式和休闲方式。

免费期刊在线看
——电子杂志

有这样一种杂志，无需印刷和印刷费用，而且内容精彩、实用，阅读者也无需购买，其文、图、动画、背景音乐甚至视频可以整合在一起。它比传统纸媒杂志更灵动、更活泼、更时尚、更精彩，更吻合年青一代的阅读习惯和口味。

电子杂志，又称网络杂志、数码杂志、互动杂志。通常指的是完全以计算机技术、电子通信技术和网络技术为依托而编辑、出版和发行的杂志。它的内容在早期与计算机、通讯和网络等相关；现在它的内容几乎包含了与人们生活息息相关的各个方面。它的出版发行手段既得益于技术，又与传统平面杂志与浏览网页不同，它融入多种互动技术，通过文字、影视、图像、声音、互动游戏等多媒体技术，并将它们完美结合，实现电子杂志的多功能特性，并在短时间内得到迅速发展。这种融合了动画、视频等手段，具有很强的视觉冲击力和内容吸引力，深受广大网络用户的喜欢。此外，由于它在广告方面具有干扰度小、到达率高、表现力较好、用户参与度高的特点，也得到了广告主的初步认可。

电子杂志是一种非常好的媒体表现形式，它兼具了平面与互联网的特点，不但将图像、文字、声音、视频、游戏等技术相互结合，呈现给读者完美的视觉享受以外，还有超链接、及时互动等网络元素不断加入，让用户不断体验新阅读方式。目前电子杂志已经进入第三代，以flash为主要载体独立于网站存在。电子杂志无需任何阅读平台或插件支持，即使是新装的电脑也能直接打开观看，也不会更改系统及注册表，让用户使用得更放心。并改进了传统电子杂志需要杂志阅读器才能阅读的局限，电子杂志同样还可以生成单独的.exe绿色文件，安全绿色是电子杂志一直倡导的新一代电子杂志概念。

目前，各家电子杂志工作室纷纷与多家平面媒体与知名网站合作，内容涵盖时尚、娱乐、生活、军事、体育、动漫、游戏、旅游、美食、汽车、数码、电影、音乐、摄影、艺术等，让更多的网民随时可以选择自己喜欢的电子杂志。通过电子杂志阅读与下载及派送等机制，可轻松派送数万或数十万本不等的杂志。不但让用户感受阅读的轻松与惬意，同时还可以建立信息反馈机制，在用户轻点击的瞬间，便可轻易得到用户阅读习惯等信息，经过针对不同的用户群做出的受众分析与阅读分析，制订出详细计划，指导电子杂志的内容走向。

电子版面的编辑方法是电子杂志区别于印刷版的最重要的特点，也是电子杂志与计算机网络技术关联最大，受其影响最深之处。它的意义已经远远超过了版面本身，而涉及内容会以多种表现方式出现，链接的选择和建立以及向读者提供的各种服务等形式，已成为电子杂志的发展的基础。从存储方式的角度来说，传统的印刷版杂志被保存在世界各地，在个人的书橱或图书馆的书架上，承受着因岁月流逝和反复使用所造成的损伤。而电子杂志的数据库分布在有限的一个或者几个地方，通过网络供订户使用。不同的读者可以选择不同的显示方式，杂志编辑还可以根据需要对文档进行不断的修改和更新。数据库的日常更新、维护以及电子文档的处理是电子杂志发行中非常重要的一个环节。

电子杂志是通过计算机来阅读的杂志，它可以借助计算机惊人的运算速度和海量存储，极大地提高信息量；在计算机特有的查询功能的帮助下，它使人们在信息的海洋中快速找寻所需内容成为可能；电子杂志在内容的表现形式上，是声、图、像并茂，人们不仅可以看到文字、图片，还可以听到各种音效，看到活动的图像。可以使人们受到多种感官的感受。加上电子杂志中极其方便的电子索引、随机注释，更使得电子杂志具有信息时代的特征。但由于受各种条件的限制，电子杂志目前在国内尚处于发展阶段，我国大约在1993，由深圳海天电子图书公司首次开发成功。值得一提的是电子杂志随着各种传媒系统和计算机网络的发展，已经打破了以往的发行、传播模式，改变了人们传统的阅读观念，它将会更加贴近人们的生活，更加注重人与人之间思想、感情的交流，更好地满足新时代人们对文化生活的高水平要求。

当电子杂志刚刚开始流行之时，许多出版商就开始为他们自身的生存前景担忧了。"人们认为在网上可以免费得到的专业化网络杂志，会把读者与广告客户从传统杂志那里吸走。"但实际并不完全是这样，一段时间之后，杂志出版商们更多时候认为互联网是一种补充。不过，这种补充更多时候是传统杂志旗下的一个在线的对应物，杂志的印刷版与网络版以多种方式形成共生的关系。这些杂志的网络版通常比正在发行的印刷版滞后一段时间，因为要保证印刷版的销量。同时，许多印刷杂志，比如《新闻周刊》，让读者去它们的网站获得更多的信息与更长版本的报道。杂志出版商旗下的网站也被用来从事电子商务，从而获得一定的利润。这些动力使得在互联网时代的背景下，印刷杂志相对应的网络电子版杂志有了很好的依托。

电子杂志新的盈利模式，充分发挥多媒体电子杂志丰富的表现形式的优势，选择适合的表现内容，比如可以将新上映的院线影片、新发行的影视作品、大型舞台表演等，用多媒体电子杂志的形式进行宣传，可以作为首映式、首发式、新闻发布会等宣传工具，也可作为宣传品进行广泛传播。利用文化产品的规模营销模式，用多媒体电子杂志强化视觉冲击力。目标客户群可以有效利用多媒体电子杂志与它的客户群进行互动传播，起到规模营销的效应。而对于人们来说就可以利用这一点，发挥多媒体电子杂志的优势。

尽管电子杂志的兴起并没有多少时间，随着网络传媒的发展，电子杂志的主流化是媒体发展的必然趋势。但由于网络的自身问题较多，显然未来的成长之路将绝不轻松。

链　接

电子杂志的制作

现在越来越多的人开始关注并想试图尝试自己制作电子杂志，但由于缺少专业、便捷的电子杂志制作软件，所以电子杂志的制作一直处于"困难"状态，但相信随着软件技术发展，在不远的明天，便民式的傻瓜软件一定会引领电子杂志的快速发展，目前国内出现几款比较好的电子杂志制作软件：

★Iebook超级精灵

Iebook超级精灵是一款免费软件，最专业的电子杂志制作软件。适合专业的电子杂志制作公司、广告设计型、网络营销型公司或者有设计基础的个人使用。完全免费，直接生成单独.exe文件或者上传.swf在线杂志直接浏览。耳目一新的操作界面，简约的设计风格，突出软件界面空间的利用。类似视窗系统的操作界面风格更切合用户习惯，操作简单易学，让用户迅速掌握使用。提供上千上万套电子杂志素材、电子杂志模板免费下载，功能实用，运行流畅。超强、超炫、超专业；简易、简洁、不简单。

★Poco魅客

Poco是一款十分适合制作相册的互动娱乐杂志软件。Poco2007是中国地区第一个基于个人空间的个人互动娱乐软件。Poco2007软件和Poco免费提供的Mypoco个人空间实现无缝连接。软件和Poco网站平台好友消息的即时互通，在线聊天、图片自动压缩批量上传和一键式加工调色、P2P无限影音多媒体分享下载等多种功能。Mypoco个人空间的好友动态、留言、投票等信息第一时间获知……完全免费的电影、音乐、游戏等大容量文件高速下载。

★ZMaker杂志制作大师

此软件适合以制作营销电子杂志的专业电子杂志制作团队、广告设计公司、网络营销公司使用；也适合从事电子杂志制作的个人爱好者使用。ZMaker杂志制作大师是目前国内较好用的电子杂志制作软件之一，无版权限制，终身免费，并由专业团队进行电子杂志制作软件的升级与模板的更新。此电子杂志制作软件具有简捷的按钮，直观的操作提示，简单易懂，可生成独立运行的.exe杂志，脱离播放器使用，丰富的模板让更多普通网民可以自己制作精美电子杂志。针对专业用户，特别是平面杂志社，此电子杂志制作软件拥有可调尺寸，自行制作模板，以及丰富自由的功能接口，良好的扩展空间，让平面媒体数字化，更加方便快捷且得心应手。

校友随时叙旧情
——校友录

　　仿佛还是不久之前，同窗好友在毕业后，都揣上一本精美的通讯录，上面的照片已经泛黄，联系方式也大多发生了变更，但毕业留言和毕业祝福却言犹在耳，用来延续那一份未尽的同学之缘。随着时间的流逝，笔记本式的"同学录"已不能满足同学们互相交流，甚至实时互动的需求，网络校友录能更好地帮助大家找到昔日的老同学，找回菁菁校园里永远年轻的自己。

　　经常上网的人对校友录一定不陌生，尤其是年轻人。校友录的服务功能自创建以来，人们就把校友录当作一个工具来使用，享受着它的便捷服务，在互联网上把校友录当做自己所属团体的网上家园。

　　校友录，是一种为用户提供网上交流、聚会的网络工具，它可以使你和你的朋友、同学、同事、老师与亲人在网上有一个相互交流的机会。假如你是在校学生，拥有校友录，你可以在寒暑假时通过它了解班上同学、老师的情况或者发布你的消息；同时，你如果毕业了，可以约上老同学加入校友录，这样无论你身在何处，都可以随时上网，在校友录上与你的老同学交流；又或者你是公司员工或者老板，你可以在出差时通过校友录了解公司情况或者汇报情况。学生在毕业的时候都很热衷于建立校友录，用来珍惜学生期间建立的情谊，希望通过这种途径长久保持下去。目前，很多校友录甚至号召"同学友谊，从幼儿园记起"，开通幼儿园班级注册。随着互联网功能的不断创新，校友录也在不断增加新功能。更多的人把它作为一种工具来使用，更多的时候称其为"网上家园"。

校友录通常具有班级群体信件、班级聊天室、发送小纸条、班级共享、班级语音、访问记录、班级讨论区、班级常用网址、班级留言簿、班级相册等功能，它把过去那种一对一的信息传播模式完全打破。例如班级群体信件功能，只要给一个地址发信，就可以将消息告知所有的同学，而不必逐个发电子邮件。而讨论区则一向是"人气旺盛"的地方，谁跳槽了，谁买房子了，谁要结婚了，谁生宝宝了，都在这里成为话题，有的准爸爸、准妈妈甚至还在讨论区里为自己即将出生的宝宝征名。满足用户的大范围交流和小圈子交流，公开交流和私下交流的愿望和需求。在校友录上的交流可以是即时的，只要成员在线就可以进行两人或多人间的直接即时性交流；也可以是延时的，若你想与之交流的人不在线，可以运用留言板、发小纸条等功能来实现延时性交流。校友录还有文本、有表情、有语音、有多媒体等多种形式，一定程度上丰富了交流的传播效果。

相比校园，社会是一个全新的舞台，充满了未知和不确定。面对未知，人们都会有本能的恐惧，这时候尤其需要社会支持。除了亲人之外，学生时期建立起来的同学情谊无疑是最可以倚重的，是面对的巨大不确定中唯一的确定因素。校友录上的交流，意味着大家在新的环境中还能保有一个熟悉的空间，可以缓解新环境的冲击，帮助大家更好地度过适应过程。尤其对于大学里凝聚力强，毕业后从事的方向又差不多的班级，校友录不仅是维系情谊的平台，还可以起到同学互通有无，共同进步的作用。

然而陌生的环境总会变熟悉，人会适应新的环境，慢慢成长。不同的学生处在不同的环境，成长、变化的步调和方向不同，生活中关注的重点也会不同，可能是职位的升迁，可能是家庭的幸福，也可能是内在的个人成长。而友谊需要共同的东西来维系，比如共同的思想、经历、感受和价值观。缺少共同话题，相互间交流的吸引力就会降低，起码会低于在生活中新发展出的朋友圈，因为同学、朋友会更了解现在的你。

校友录为学生们提供幸福的舞台

在校友录上同学们的年龄相差无几，几乎同时经历就业、跳槽、结婚、生子等人生阶段，晒的东西便紧跟时代潮流，也紧跟生活变化。在校友录上可以看看同学们的喜怒哀乐，比如，"明天是我第一次上公开课，好紧张。""毕业了，工作稳定后，不得不考虑个人问题，这不，我妈要我新年一定要带女朋友回家，我只好带着她露面了……""我带的班平均分名列全年级第一，真高兴。""今天老王、虎子来我们学校听课，我们聚了聚，恍惚间回到大学。"诸如此类的消息在校友录的留言中比比皆是。在校友录上报告自己生活的细枝末节，让更多的同学了解自己最新情况，比如晒一下婚纱照、宝宝照、跳槽照、升职照、升学照、旅游照等主题，通过校友录这个平台拉近了同学之间的距离。

真实的沟通环境

校友录是互联网虚拟环境里最真实的交流语境。最主要的一点是，校友录的可信度高、信誉度高。这是因为校友录上基本实行实名制，在某一个班级或群体的校友录里面，成员是确定的，而且成员之间基本上是相互熟悉和了解的，比如同学关系、同事关系等，人员的身份、资料、联系方式等等的真实性有充分保证。这个虚拟的社区离人们现实社会和现实交际最近也最真实，因此，传播效果十分好。不论是在情感交流，还是在知识信息的沟通、新闻信息的传达，交流和传播的效果都十分好。而且校友录功能强大，有很好的监督和管理手段，如留言管理、成员管理等，可以将不良信息删除，还可以设置班级信息是否公开、友情留言是否开通等，以此来保护班级信息和个人隐私，对校友录的信息起到了屏蔽保护作用，增加安全感。

大学生的互动空间
——校内网

"海内存知己，天涯若比邻"。在古代这只是一种美好的愿望，交通不便，一旦分离，再会难期，就连通信也不是一件容易的事。但是在今天，通过宽频网络，真的可以说是天涯若比邻了。这种网络纽带的作用是不言而喻的，很多时候，简单的一个消息，一句问候，就觉得朋友或者同学仿佛还在身边，感觉很亲切。通过网络增添几分亲切，维系老友、结识新朋、分享快乐。

学生、校园是每个人都经历过的一个阶段，无论是工人、农民、知识分子还是商人，每个人都有自己的学习经历、校园经历。而大学是一个培养白领的家园，当一个社区覆盖了全国所有高校，成为一个校园的社会化品牌之后，它就已经成为了一种情结，校园情结、校友情结、同窗情结，情结让越来越多的社会群体登录到校内网。曾经有人说过，谁可以覆盖现在的大学群体，它就已经覆盖了未来的白领群体，校内网正在实现这一未来。

至此，校内网成为中国大学生市场具有垄断地位的校园网站。如今校内网已经是校园社区的最大品牌，成为一个社会品牌。从学生到毕业生，从毕业生到工作中的白领，曾在校园的他们现在通过校内网寻找到小学同学、初高中同学、大学同学，工作后的他们就在这里开始互相交谈工作中的话题。让"校内存知己，天涯若比邻"成为了现实。

早期校内网定位在大学生群体，而现在用户群体已经很大一部分变成了白领，加之它的社会品牌的造就，校内网已经吸引了越来越多的大龄白领通过网络去寻找他们的老同学。校内网早已经不是人们印象里的校园SNS，而是成长为一个覆盖多年龄层的SNS网站。

大学生喜欢校内网的理由

校内网在大学生中的好人缘得益于其便捷的互动方式、丰富的信息内容和真实的沟通形式。校内网的实名制也是其成功的很重要的一点。这种公开、透明的环境，大家在交流的时候比较真实、直接，没有像QQ、网游那种虚幻的感觉。还有就是一些以前的同学、老朋友都能在这里通过搜索找到，这也是实名制的好处，这些很难联系到的朋友又能联系上觉得很神奇。校内网的包容性也很强，基本包括了QQ、校友录等内容，非常方便，而且信息、内容都很大。

校内网就是一种交流沟通的工具，而且它已经成为很多人的习惯，每天上网都会登陆，与挂QQ一样深入人心。这个比以前的博客互动性更强，发表的文章、关注的投票都会在网上自动发布，有时虽然会涉及一些隐私，但是也可以在自己的控制之内，因此相对还是比较安全的，自己的资料也可以设置为公开或保密。

校内网流行的一个原因是把快乐与大家分享。可以分享自己的、朋友的日志，从中看到很多好的文章和活动，还有一些新奇的事情，拓宽自己的视野和知识面。同样的一件事情不同的人从不同的角度，不同的层次分析和评价，能使自己有些意外的收获。

　　校内网是个大校友录，但是它的功能又远远超出这些，最重要的一点就是能把朋友之间的关系拉近、维系住。经常有些同学、朋友，换了学校，或者换了住处以后就渐渐地疏远了。不是不联系，确实是生活的圈子变了，接触的就少了。有了校内网这种交流的方式，大家没事还能在一起聊天，还可以把自己最近在干什么，看了哪些好电影，去哪里玩了等等分享给好友。

　　校内网主要是为了方便和周围的朋友交流和沟通，大家都用自己的真实姓名。可以用网络小窝形容自己的主页，每个人都可以布置自己的空间，添加日志、相册、音乐等，并与自己的朋友相互分享，应该可以算是学生生活的一种延续方式。有些时候遇到不愉快或者心情低落时，可以找校内网里的那些朋友陪伴，就会觉得不再孤独，那种失落感很容易就过去了，积攒下的只有那些美好的回忆，留住更多的友谊。

网络平台献爱心
——网络公益

在充满震撼与感动的2008年里，从年初暴风雪救援到汶川地震救援、从援建北川中学到捐助贫困儿童……网络公益已渐渐走进中国近3亿网民的日常生活，"人人可慈善"的网络公益模式已初见成效。

近年来，随着国内经济的快速增长和互联网的日益成熟，投身于网络公益的社会团体与个人正在逐渐增多，随着网民们对网络公益的关注，近两年网络公益行为日益渐增，成为普通网民们都愿意关注的事；随着社会各界通过互联网不断推动各类慈善事业，网络公益已逐渐成为一种习惯。有人把这些在网上做公益的人比作"网上雷锋"，也有人称之为"网络志愿者"，他们在网络的虚拟世界里相识、集结，又一起走到现实生活中来，网络交流的便捷，使各种信息传递更加方便及时，网友通过网络可以了解需要帮助的对象情况，也更容易组织起来形成力量。这些在网上奉献爱心的人组织开展义务献血、网络助学、抢险救灾、助学助残等等公益活动，用自己无私奉献的实际行动，播撒人间真情。

互联网的互动性和无地域限制的特点，在团结和凝聚个体参与公益活动方面具备了天然的优势，网络公益不仅赢得了社会各界的喝彩，更把原来由少数企业或个人参与的慈善活动变成了如今社会公益的全民运动，有效地推动了社会公益事业的建设。有专家指出，网络公益的悄然兴起，将会大大丰富公益慈善的范围和内涵，让更多普通的人参与进来，贡献自己应尽的力量，在网络上献爱心已经成了一道亮丽的风景线。

多个捐赠项目在网上发起

凭借自身行业资源，国内独立第三方支付平台易宝支付，积极投身到网络献爱心的行列，其联手各大公益机构打造的网络公益互动平台——易宝支付公益圈（http://gongyi.yeepay.com）正在让很多人改变献爱心的行为习惯。

在2008年通过易宝支付公益圈进行推广的公益项目中，"红十字汶川地震救援"通过易宝支付平台募款就超过1885万元，目前捐款仍在进行；中国关爱孤儿专项基金发起的捐助收古地区贫困儿童项目，目前已有数千名志愿者表示愿将自己的物品捐赠给贫困孤儿；由中国华侨经济文化基金会发起的援建北川中学项目汇集海内外华人华侨的爱心，学校重建工程于2009年5月正式开工。还有首次尝试网上捐赠的突发公益事件——风雪救援行动，通过易宝支付公益圈募得善款近30万元；中华慈善总会"救助脑瘫患儿张天鹏项目"在公益圈展开募捐后，1个月内迅速募得手术所需费用8万余元……

网络公益，发源于网络，成长于网络。这种具有现代特质的方式，正倡导着最广泛的志愿精神和公益行动。网络已不可阻挡地渗透到人们的政治、经济、文化、生活之中，而网络公益的发展无疑将为社会公益事业的蓬勃发展，以及和谐社会的构建汇入一抹亮丽温暖的色彩。

链接

百度旗下公益项目"小橘灯"

小桔灯公益捐书活动是百度知道和百度百科共同发起的网络公益活动,为贫困地区的儿童提供图书和学习用品,让那些信息不畅、地区偏远的儿童也能通过书本来获取知识。截至2008年12月,总共捐助贫困地区16个,30所学校,受益学生人数2万人。

作为互联网上最大的公益平台之一,"小橘灯"希望近3亿的网民能够奉献出自己的爱心,为贫苦地区的儿童点亮生命之光。而与众多公益组织不同的是"小橘灯"是一个开放的平台,通过百度强大的号召力和人气,团结大量的热心网友和志愿者,并携手其他公益团体,推动更多力量共同加入到公益事业中。在长期的耕耘中,"小橘灯"逐渐形成了自己独特的操作模式——利用自身的影响力引导并接受大量捐助,由来自民间的志愿者负责线下的实地落实。

"钱途"无限的方法
——网络营销

在网络时代，世界500强与普通人都站在同一起点，明天的亿万富翁也许就是你！在网络世界，人们得到的不仅是知识和友爱，更是财富和乐趣！

当今社会，财富的概念，已经发生了深刻的变化。财富已经不再以占有土地、矿产、工厂、劳动力等有形资产的多少来衡量；而是以拥有信息、知识、智慧、比特等无形资源的多少来衡量了。索罗斯在3个月时间内赚了12亿美金，比尔·盖茨更是在短短的几年内成为世界首富，杨致远、张朝阳、丁磊从一无所有到亿万富翁，只用了2年时间，英国的阿塔拉从穷学生到亿万富翁的历程只有5个月，这些奇迹用传统思维是无法想象的。

为什么同一个世界有人月收入比你高一百倍、一千倍、一万倍？难道他们比你聪明一百倍？一千倍？一万倍？也许你并没有做错什么，但你应该了解成功者都做对了什么！大多数人靠打工拿工资，用自己的汗水成就老板的事业，用自己的辛勤烘托老板的辉煌。

开网上餐厅 赚百万财富

从开"网上餐厅"到建网站，拥有百万资产的打工妹许雯说："不怕缺资金，只要有创意，照样可以在互联网上过把老板瘾！"这位26岁的苏州女孩1993年高考落榜后，自费到广州上了一所民办大学，而且读的是冷门的档案管理专业，这就给她后来的求职带来了重重困难。为在都市生存下来，许雯只得收起文凭，走进了一家外国人开的酒吧做服务员，薪水加小费，每月也有近2000元的收入。就在这时，许雯无意间发现了一个商机，于是她决定不再受别人的窝囊气，辞去酒吧的工作自己做起了"网上老板"，在生活中发现商机。

1998年的一天，许雯给在电脑公司工作的男友送午餐，当时饭盒一打开，色香味俱佳的菜肴和广州人爱喝的靓汤，立即引起男友同事们的纷纷赞扬。她由此突然悟到：现代人的生活节奏快、工作压力也很大，写字楼里的白领们根本无暇准备午餐，往往只随便吃点小吃，或去麦当劳、肯德基等洋快餐店，这样既不经济也不实惠。如果将精心制作的配餐和营养丰富、热气腾腾的家煲靓汤及时地送到这些工作繁忙的白领一族面前，让他们借此舒缓一下紧张的神经，一定会有市场！

创建电子商务网站，让许雯为这个想法兴奋不已，她准备利用自己出色的厨艺创业，可是广州繁华地段的房租费贵得惊人，男友为她出谋划策说，有一个不需要投资的经商方法，对想当老板但又苦于缺少资金的年轻人很适用，那就是"网上零成本创业"。他说，国内的个人电子商务网站都在供应这份免费"午餐"，网上开店，不需要每月花大笔租金租赁铺面和仓库，也不需要层层申请的繁琐手续，只要你是一个合法网民，有需要出售的物品，都可以在互联网上过一把老板瘾。

许雯印了3000张折叠式的加香名片，外层有"味思特"的网址和电话，展开后又有各式各样的套餐和靓汤名字映入眼帘。许雯将这些名片散发到区内一幢幢摩天写字楼里之后，就开始坐在家里的电话机旁，盯着电脑屏幕期盼着订餐邮件或电话的到来。从次日做成第一单生意开始，网上订餐的人逐渐增多了。尤其是3个月后，电话铃声就此起彼伏，订餐E-mail有时能挤满电子邮箱。

然而就在"味思特"的食客队伍不断扩张时，许雯却毅然决定抛弃这盘生意，开启一扇更壮美的创业之门。她决定和朋友联手，建立一个餐饮娱乐网站。工夫不负有心人，许雯的餐饮娱乐网站定位很准确，加上内容丰富，网页更新快，常给网民耳目一新的感觉。进入此站点既可以欣赏各种美味佳肴的逼真图片，学习烹制技巧，又能看到"哪些食物能提高人的记忆力""哪些食物利于儿童增长身高""什么食物混合食用不宜健康"等饮食小常识；除此外，与饮食相关的各类信息也应有尽有。网站成功推出后，很快就有了颇高的访问率。不久，他们艰苦的劳动也终于得到了肯定——广东一些食品公司、宾馆酒店等企业开始纷纷找上门来，让许雯在他们的网站上为其做广告。

仅广告费的年收入就过百万元，继而许雯又联系上了手机生产厂家和电信公司。三方达成协议，由他们向广东一种新型手机用户提供餐饮娱乐短信息……网站的运营成功也为许雯与合作人带来了财富，如今他们每年仅网上广告费的收入就过百万元。回首几年来的"网上淘金"经历，许雯感触颇深地说："人们从没有像现在这样容易成为一个企业家，网上创业不需要特别的场地和支付租金，只要那么一点最小的投资，几乎任何人都可以建网站，一夜之间在网上创立自己的公司，不怕缺资金，只要有创意，照样可以在网上过把老板瘾！"

网上卖瓜子赚了3000万

尹福强没有想到，他的瓜子原料竟然在短短的两三年的时间内做到3000万。这个数目对于家族性质的私企来说，有些天方夜谭，但是在这个憨厚的北方人的眼睛里，一切好像就应该这么简单，顺理成章。

在尹福强的眼睛里，一切都是有可能的。这位勤奋而又固执的天津人，在一个偶然的机会里，发现了网络。开始的时候，他有些诧异，为什么网上有那么多的供求信息，一个小小的鼠标可以把分隔在天南海北的不同地域之间的贸易点击成功？不过，虽然这些现代的技术颇为神气，但是在尹福强的眼睛里，它就是工具，所有的一切，都是为销售服务的。

尹福强在当地做的是出口瓜子原料，用专业术语来说是经济作物原料。有着多年的从业经验的他却从这传统的行业里看出了不同于传统的经营方式。是否也可以用现代的销售模式来做他的传统产品？这种想法在他脑子里刚有了一个雏形，尹福强就毅然加入到电子商务中。而且，还是作为最早的中国网络商业诚信体系的发起人，那一年是2002年3月。

短短的两三年时间内，尹福强通过网络，先后竟然做成了3000万的生意！这让周围的同行看得跌破眼镜！网上贸易让尹福强尝到了甜头。他们的网上销售占整个公司贸易额的60%～70%，网上客户占整个客户的60%。尹福强说，"网络贸易挺不错。我们的市场最早是国内的，但是通过网上贸易，我们的产品现在主要开始面向国外。而且交易量是逐渐递增的。"

目前，尹福强的市场已经扩展到了欧洲和中东。在行业内做得非常专业和出名。"现在对我来说，最大的成就感就是每接触一次新客户，让他得到他所需要的产品，并且满足他们的所有需要，然后签成一笔新单子，我就感到无比的乐趣！"每每碰到对专业不是很清楚的新客户，尹福强必会详细解答，一定会让客户全面了解也成为行家。这也许是尹福强与别人做生意的不同之处。"帮助客户，也就是帮助自己。"已在同行中成为龙头老大的尹福强，对于同行分享经验也毫不吝啬。他先后向许多同行介绍了网络贸易，告诉了他们自己成功的秘诀。

下班业余卖狗粮

2002年，非常喜欢宠物的何俊利用自己的网络知识，做了个宠物网站。以网站为平台，他结识了不少爱宠物的朋友，大家经常带着自己的宠物聚会。聚会上，何俊的狗狗总是非常显眼：毛发梳洗得很干净，而且还穿着最新潮的宠物服装，佩戴最流行的宠物饰品。于是，就陆续有网友向他打听这些宠物配饰在哪里购买，有时还让他代为选购。

次数多了，何俊的心里打起了小算盘：何不利用休息日，做点宠物用品的小生意呢？不久，他利用长假到外地考察，与外地的供货商取得了联系，然后在网站上登出狗粮、猫粮、宠物衣服等宠物用品信息，开始通过网络做起了生意。他白天上班，利用8小时之外的时间为顾客送货上门。这些看上去很烦琐的事情，何俊却乐在其中："我可以有机会去亲近更多的小动物，也能趁机去和爱狗的朋友多交流，学到更多的养狗知识，挺享受的。其实，开网上商店的最初目标很简单，就是想赚点钱，让自己的狗狗有条件吃好一点的食物。"

一个农民的辉煌网络经历

田延春忙得脚不沾地儿，他的"爱农商务网"推出之后，点击率与日俱增，日访问量已经突破了1.5万次，中国联通公司主动与其洽谈联手打造的"农业新时空"项目刚刚敲定，市、县农业部门又找到他，欲举办一次"首届中国东北土特农产品网上展览会"，通过网络向外推介东北农业。看着田延春越发红火的事业，东北马仲河镇的乡亲们羡慕得不得了，都赞叹不已，说田延春还真把这"网"干出了名堂。

38岁的田延春是马仲河镇西大村的一名普通农民。2002年，一个偶然的机会，田先生第一次接触电脑就对其产生了浓厚的兴趣，从此深陷其中，到处投师访友，查书翻报。一年多的时间里，他从不懂开关机一直学到能熟练做动画、做网页、装机、组网。

2003年，不甘心一辈子土里刨食的田先生办起了"东北老百姓投资信息网"，一个初中毕业的青年农民开始了他的网络创业之路。万事开头难，由于初涉此行，几年也未见赢利，反倒赔了不少，但这第一次"试水"也使田先生积累了一定的经验。

2005年，田延春决定重新来过，他四处借钱，投入10万元，经过几个月的筹备，当年5月，一个全新的网站"昌图爱农网"问世，登录后会看到"走进昌图""风土民情""名优特产""旅游风光"等19个栏目，鼠标一点，昌图尽收眼底。网站要赚钱，必须会经营。为了学到先进的经营理念，取得"真经"，田先生这个名不见经传的"CEO",开始刻意与各大网站接触。2005年8月,"阿里巴巴"在大连举行网商大会,田延春是东北报名参加的唯一一人。付出总有回报,在田延春的努力之下,短短两年时间里,"昌图爱农网"注册会员已达5000多人,总访问量近400万人次,2008年末,在由国家农业部、中国互联网协会、中国电子商务协会共同主办的第三届"中国农业百强网站"评选活动中,"昌图爱农网"在2500多家网站里脱颖而出,排名第七,闯入十强。

当今社会已经进入一个网络世界的崭新时代,网络是今后发展的主要趋势。可以说,用网络经营自己,是一生也挖掘不尽的宝藏。网络事业使普通人由平凡而璀璨,由约束而自由,由卑微而显贵。天高任鸟飞,海阔凭鱼跃。不要怨天不够高,不要怨地不够宽,成功不是将来才有的,而是决定去做的那一刻起持续累积而成的!一个个成功的故事告诉人们,财富青睐对信息技术有所准备的人们,从发生在网络上的神话来看,最先抓住机遇,并懂得靠信息技术为自己创造财富的人,才能成为财富神话的创造者。

没有硝烟的战争
——网络商业大战

古语有云,"三军未动,粮草先行。"想要打好网络这场战争,首要任务就是要准备好作战的粮草,这是决定战争胜负的基础。只有各个基础环节衔接好,根基稳固了才有可能取得胜利。网站广告、搜索大战、企业网站建设是这场战斗的三大类粮草。

企业之间产品竞争、质量竞争、服务竞争、人才竞争越来越激烈。更多企业已深入到互联网寻找潜在客户,企业可以融入国际全球化的市场空间发展。有意识地建立企业形象、自身品牌、宣传及推广,这当中有私营企业、民间工艺公司、国内合资企业等等。更多的企业早已建立完善的网络运行模式,采取了最低投资成本,更有利的简化运行模式。

网络搜索大战

做生意最关键是让客户先找到你,网络搜索作为一种新的广告形式,其按照网民输入关键字来提供结果的模式,最大程度的实现了网民的个性化服务。网络搜索中的网站就犹如现代战争中的武器,而网络搜索的推广,最后都表现为对网站的推广,网民对感兴趣的产品搜索时，将会进入搜索相关信息的排名。与传统推广手段对比，可以说网络搜索的网站就好比现实中企业的商店或者销售终端。

现在各大网站都推出了搜索引擎推广，它是利用搜索引擎、分类目录等具有在线检索信息功能的网络工具进行网站推广的方法。搜索引擎推广的形式也相应地有基于搜索引擎的方法和基于分类目录的方法，包括搜索引擎优化、关键词广告、竞价排名、固定排名、基于内容定位的广告等多种形式。从目前的发展趋势来看，搜索引擎在网络营销中的地位依然重要，并且受到越来越多企业的认可。

搜索引擎营销的方式也在不断地发展演变，因此应根据环境的变化选择搜索引擎营销的合适方式。比如，百度推广，可以让企业体验大量客户主动找你的感觉，企业可以同时免费注册多个关键词，支持企业全线产品推广。推出了按效果付费，没有客户访问不计费，企业可以灵活控制投入，获得最大回报，而且企业的推广信息只出现在真正感兴趣的潜在客户面前。

网站广告大战

网络广告是常用的网络营销策略之一，在网络品牌、产品促销、网站推广等方面均有明显作用。网络广告的常见形式包括：横幅广告、分类广告、赞助式广告、E-mail广告等。横幅广告所依托的媒体是网页、E-mail广告则是许可E-mail营销的一种，可见网络广告本身并不能独立存在，需要与各种网络工具相结合才能实现信息传递的功能，因此也可以认为，网络广告存在于各种网络营销工具中，只是具体的表现形式不同。将网络广告用户网站推广，具有可选择网络媒体范围广、形式多样、适用性强、投放及时等优点。

企业网站大战

企业在网上拥有自己的站点和主页将是必然趋势，网上主页不仅成为企业宣传产品和服务的窗口，也是树立企业形象的前沿。就如同电视广告，蹩脚的广告看了使人大倒胃口，避之唯恐不及，而构思精巧的广告则能让人欣然接受，百看不厌，美观大方，富有创意的主页也必将吸引大量的访问者，使更多的人认识了解，进而喜爱你的企业。也可以将它比喻成一个网络版的公司说明书，通过网络让大家知道、认知，然后再进一步的进行其他合作。企业在网上建立自己的网站，可以采用生动、直观的图形、图像，即将声、图、文并茂的方式发布企业及产品的最新信息，如有关企业动态、产品介绍、招商引资等大量信息，用最快的速度提供给客户、销售商。比传统宣传要快得多，并且交互性强。从某种意义上讲，一个企业有没有自己的网站，关系到的不仅仅是几千元的建站费，而是关系到自己企业的前途。以前企业的老板们，很在乎自己的名片。因为，这是一个门面问题。但是，现在他们更关注自己企业网站的建设。在网络时代的今天，一个企业有没有自己的网站和一个公司的领导有没有名片一样重要。